BIRD MANIAX

鳥マニアックス

鳥と世界の意外な関係

松原始

KANZEN

鳥マニアックス

鳥と世界の意外な関係

カバー・本文写真

Keystone-France / Getty Images
ethylalkohol / Shutterstock.com
Jim Cumming / Shutterstock.com
Kathy Kay / Shutterstock.com
Eric Isselee / Shutterstock.com
Rosa Jay / Shutterstock.com
Independent birds / Shutterstock.com
tea maeklong / Shutterstock.com
Tracy Starr / Shutterstock.com
Catmando / Shutterstock.com
Dollatum Hanrud / Shutterstock.com
Luka Hercigonja / Shutterstock.com

はじめに

「鳥のように空を飛びたい」

このナレーションが印象的だったのは、夏の風物詩、鳥人間コンテストであった。子供の頃はかかさず見ていたものだ。だが、私が飛ばしたのは、せいぜい模型飛行機だった。最初は折り紙、それから、ケント紙や厚紙を切って貼って作った紙飛行機。『よく飛ぶ紙飛行機集』は模型飛行機製作のバイブルだった。

そこから動力付きの模型飛行機にも手を出したが、いかんせん、子供の財力と行動範囲ではなかなか、思うに任せない。私の興味は「飛ばす」とか「飛ぶ」よりも、現実の飛行機がどうなっているかに向いていった。だいたい私は昔からメカ好きの傾向がある。『飛行機の図鑑』や『ひこうきのひみつ』を丸暗記し、なぜか小学校の図書館にあった軍用機の開発史や航空戦史の本を読み漁り、『Uコン技術』の連載記事「大空の紳士たち」をむさぼるように読み、学研X図鑑『軍用機』をなめるように読んだ。かくして、今やオタクの端くれである。中二病をこじらせた、などと言ってもらいたくはない。私がハマったのは中学二年生より遥かに前だし、スクスク育っただけでこじらせてなどいない。育つ方向を全力で間違った可能性は否定しないが。

一方、私は生き物にもドはまりした。動物系は全部オーケーで、その中には当然、鳥もあった。後に鳥が中心となったわけだが、そうなると「飛行機」と「鳥」という二つの趣味は、私の脳内で自動的に合体・融合した。私は鳥類の行動や生態を観察するのが仕事であるが、しばしば、メカニズム的にどうなっているのかと（趣味的に）考える。工学の世界には生物の構造をヒントに新素材や技術を開発するバイオ・ミメティクスという分野があるが、それに近いかもしれない。

かくして、私の病は膏肓《こうこう》に入り、カラスの飛行能力を戦闘機を例に説明した末、某音楽評論家に「驚異のこじらせ系」なる異名をいただくに至った。

鳥を「空飛ぶマシン」として見れば、時にその機能は飛行機を上回る。例えば鳥が枝に止まる瞬間を見てみよう。鳥は止まりたい枝より下まで降下し、枝の手前で急上昇に転じる。ここで体軸を立てて羽ばたきながら速度を殺すこともある。そして上昇の頂点で停止し、落下に転ずる。まさにその絶妙なタイミングで鳥は枝の真上に達しており、伸ばした脚で落下をヒョイと受け止め、枝に止まる。

こんな着陸ができる飛行機はない。あるとしたらＦＦＲ‐41「雪風」（原作ではなく、ＯＶＡ版『戦闘妖精・雪風』の方）くらいだ。無理やり空母に着艦した時に、フライトデッキの上をパスすると見せていきなり機首上げ＆急減速から主翼を大胆に可動させ、同時にベクタードスラストで機体を支え、そのままドスンと着艦する荒技を見せている。まあ、あの場面で褒め称えるべきは雪風の降着装置の頑丈さのような気もするが。なお、空母から飛び立つシーンはさらに凄くて……。

失礼。知らない人には何かわからない話に熱が入ってしまった。まあ、この本はこういう構成である。鳥に関してややマニアックに突っ込みながら、無駄にマニアックなメカオタ・ミリオタ解説が付く。だが、人間には飽くなき研究開発への情熱と、「体の外部で道具を進歩させ、自分の体の進化の代わりにする」という独特の行動があるのも事実だ。大風呂敷を広げれば、数千万年を費やした自然界の進化と、ライト兄弟からわずか50年で超音速ジェット機を実用化した人間の知恵の対比、といったものだろうか。

いやいや、そんな立派なものではない。これはやはり、とあるオタクの超独り言《モノローグ》とでも言うのが正しいだろう。

CONTENTS

はじめに……3

PART 1

鳥×テクノロジー

こんなところに鳥と工学

CHAPTER 1
鳥とヒコーキ……12
飛行への憧れと挫折／鳥も飛行機も翼で飛ぶ／翼でわかる種の生態／まだまだある飛行時の鳥のスゴ技／鳥の翼を飛行機で再現すると……／飛行機のフラップ、鳥の小翼羽

CHAPTER 2
鳥と二本足……38
ご先祖はバイペダル／しっぽなくしちゃった問題／重心位置をどうするか／二足歩行マシン

CHAPTER 3
羽毛と悲劇……62

鳥を象徴するアレ／鳥の翼は超絶ギミックの宝庫／羽毛の長所 その1「防水性」／羽毛の長所 その2「保温性」／美点がもたらした歴史的悲劇／採取方法は時代により適切化

CHAPTER 4
鳥と新幹線……88
新幹線を下支えするマニア魂／繊細な騒音対策の元ネタは……／500系の鳥由来デザイン その2

PART 2 鳥×メカニズム

鳥の体と行動学

CHAPTER 5
鳥とナビゲーション……108
どうやって方向を定めるか／地図の発展と長距離航海／鳥の体内時計と磁気感覚

PART

3 鳥×ビヘイビア

鳥は何を考える

CHAPTER 6

鳥とセンサー ……128

人間と鳥の視覚の違い／人間の色覚を他の動物と比べてみると／紫外線が見えるメリットとは／シギは熱光学迷彩を駆使？／鳥の視覚の特徴

CHAPTER 7

鳥とテーブルマナー ……150

嘴は道具／特記すべき形の嘴といえば／食べる時のお作法いろいろ

CHAPTER 8

鏡よ鏡 ……174

人間と鏡／鏡に対する鳥たちの反応／認知能力と鏡／その「実像」により近づくために

CHAPTER 9

鳥を捕まえる……192

進化の裏に「本気」アリ／鳥類学と捕獲の深い縁／試行錯誤が名人を作る／マニアの嗜みが研究を下支え？

CHAPTER 10

鳥と闘争……214

カラスさん@戦わない／彼らが戦う様々な理由／戦わないカラスが戦う時／鳥の「武器」って？

［巻末企画Ｉ］鳥マニア的ＢＯＯＫ＆ＦＩＬＭガイド……235

［巻末企画II］鳥マニア的「この人に会いたい！」

スペシャルインタビュー　松本零士（漫画家）……241

零時社訪問記……250

おわりに……252

参考文献／ネタ一覧……255

PART

1

鳥
×
テクノロジー

こんなところに
鳥と工学

CHAPTER

1 鳥とヒコーキ

飛行への憧れと挫折

人間はみんな、鳥のように空を飛びたかった。これを端的に示すのが数々の伝説だ。ギリシャ神話ではダイダロスとイカロスという親子が腕に翼を取り付け、羽ばたいて空を飛んだ。ただし、イカロスは高く上がりすぎて太陽に近づいてしまい、翼を接着するのに使った蝋が溶《と》けて墜落してしまったが。

この後長らく、人間は「鳥のように羽ばたいて飛ぶ」ことに囚《とら》われ続ける。羽ばたき飛行機のことをオーニソプターというが、これはラテン語で「鳥の翼」、オルニス（鳥）とプテラ（翼）をくっつけた造語である。ちなみにヘリコプターなら螺旋（ヘリコ）の翼。ラテン語に忠実に呼ぶならば、鬼太郎が飛ぶのに使うアレはカラスコプターではなく、カラスプターでなくてはならない。

それはともかく、人力オーニソプターはことごとく失敗した。理由は二つある。

一つは、鳥の羽ばたきが思ったより複雑な運動であること。肉眼ではパタパタと上下に振っているように見えるが、決してそんな単純なものではない。第一、板状の翼を単純に上下に振るだけでは、振り下ろした瞬間に体が浮き上がり、振り上げると今度は空気を押して体が下がってしまう。それに前に進むこともできない。

高速度撮影が発達してやっとわかったのは、鳥は決して上下に翼を振っているわけではなく、斜め8の字を描くように振っているということだった。鳥は翼の角度を変えながら、斜め前に向かって翼を振り下ろしている。振り上げる時に空気抵抗を減らすように翼をひねったり、肘を曲げて翼を垂らしながら振り上げたりもしている。残念だ

ハチドリの羽ばたき（ホバリング）

一般的な鳥の羽ばたきの例

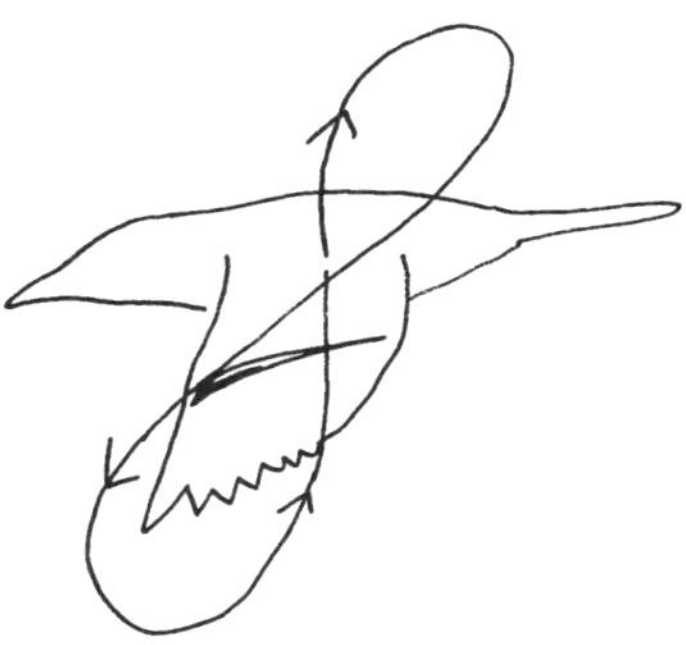

が、こんな複雑な振り方を考えた人はいなかったし、機械的に再現するのも非常に難しい。
もう一つの理由は、単純なパワー不足だ。鶏肉といえば胸肉とモモ肉だが、あの分厚い胸肉は翼を動かすためのものである。決して飛ぶのが得意ではないニワトリでさえ、あれなのだ。

鳥の胸骨の真ん中には、竜骨突起という巨大な板状のでっぱりがある。ケンタッキーのフライドチキンにも入っているので、バーレルを買うことがあれば注意してみてほしい。これが、強大な飛翔筋、つまり胸肉を支える付着部分だ。鳥はとんでもなく胸板の分厚い、ムキムキボディなのである。

鳥の飛翔筋は体重の25％にも達することがある。そして、筋肉の断面積あたりの出力は人間の4倍に達する例がある。ちょっと極端な数字を挙げたが、これを元に単純計算すると、人間が飛ぶには鳥の4倍の飛翔筋がいる。ということは、体重の１００％……つまり全身が飛翔筋。それ、もはやただの胸肉だろ。

ということで、人間が羽ばたいて飛ぶのは無理な相談である。

だが、これを打ち破った人々がいた。

誰が最初に思いついたのかはわからないが、記録に残っている中で有名なのはイギリスのジョージ・ケイリーだ。彼は１８０９年に、傾いた平面に風が当たった時に働く揚力について研究書を書き、飛行機の理論的な下地を作った。着想を得たのは１７９０年代だったと言われている。

これを元に、１８９１年に飛行に成功したのがドイツのリリエンタール兄弟（兄がグスタフ、弟がオットー）。彼らは鳥を観察して、羽ばたかずに飛んでいる場合があることに気づいた。つまり、翼を広げたまま、羽ばたかずに滑空している状態である。これならば胸肉にならなくてもいい。[*1]

かくしてリリエンタールはケイリーの設計を元にグライダーを作り、これに乗って（というかハンググライダーのようにぶら下がる形だが）空を飛ぶことに成功した。リリエンタールのもう一つの業績は、鳥の飛行を研究することで飛行機の操縦を体系づけたことにある。オットーは卓越した飛行家でもあり、グライダーを見事に操って、２５０メートルの飛行距離を達成した。だが、１８９６年に墜落事故を起こし、死亡した。

＊1　ただし、彼が研究した中には羽ばたき飛行機もある。なお、模型飛行機サイズなら、羽ばたき飛行機もちゃんと飛べる。ゴム動力のオモチャもあるし、電気モーターで羽ばたいて飛ぶ鳥型ドローンも開発されている。だが、人が乗れるサイズに拡大しようとすると、動力源や翼の素材などのハードルが高くなる。

鳥も飛行機も翼で飛ぶ

さて。鳥が飛ぶ理屈は、飛行機と同じだ。別に鳥だけの特別な物理学があるわけではない。基本は揚力と推力である。

揚力というのは、重力に逆らって物体を持ち上げる力だ。最大離陸重量が500トン以上もあるエアバスA380の巨体が浮き上がるのも、その重量を支える揚力が発生しているからである。

揚力は基本的に翼で発生している。[＊2] 飛行機が前進すると、翼に空気がぶつかる。そしてこの時、翼上面の気流の方が下面よりも速くなるようにできている。翼断面形状といわれる独特の形は、このためのものだ。[＊3] このように流速に差があると、流速の速い側で気圧が下がり、遅い側で気圧が上がる。これによって翼は下から押し上げられ、上

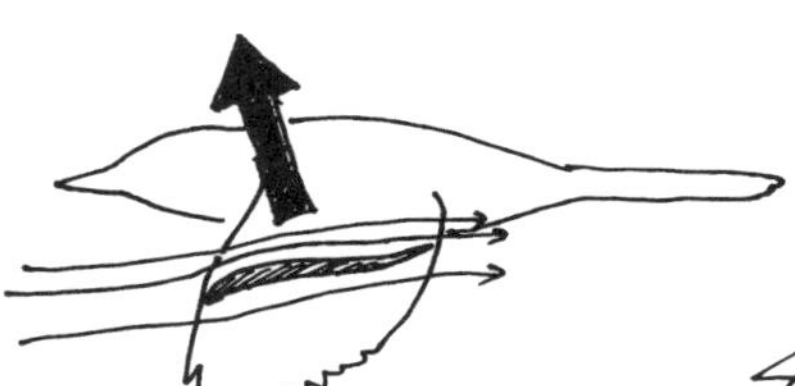

鳥の翼と揚力

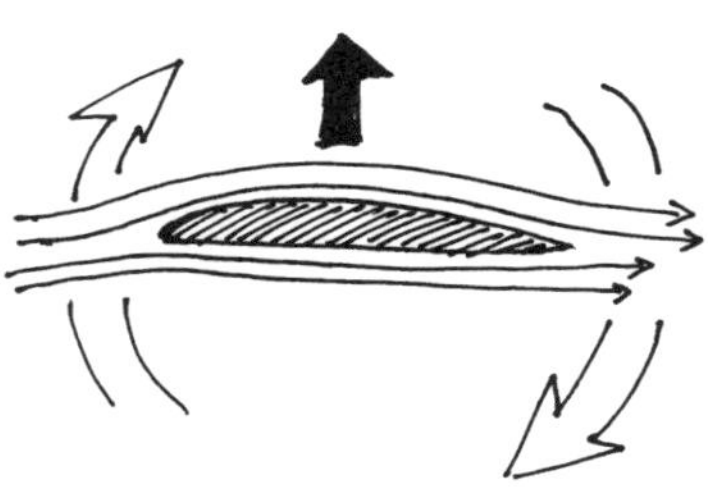

揚力のしくみ

からは吸い上げられる。この、気圧差によって発生する力が、まさに揚力である。

ちなみに流速が変わる理由は、翼の周りに循環流ができているからだ。回転によって浮き上がると考えれば、つまりはスピンをかけたボールがホップアップするのと同じ理屈である。

さて、鳥も飛行機と全く同じで、翼によって揚力を発生させて飛んでいる。滑空している鳥はほぼ飛行機と同じ状態だと考えて差し支えない。問題は、羽ばたいている時だ。

鳥が翼を振り下ろす時、翼は斜め下に向かう。この時、翼には前からの風に加えて、翼自体が動いている風が合成されて当たっている。

これによって翼面に揚力が発生する。だが、翼面が斜めになっているので、その揚力は真上には向かわず、少し前に傾いた方向になる。つまり、上向きの力成分と、前向きの力成分があるわけだ。

＊2 中にはブレンデッド・ウィング・ボディという、胴体が平たくなって次第に翼になる機体もあるし、平べったい胴体全体で揚力を発生させるリフティングボディというのもある。超音速機だと衝撃波に乗って揚力を発生させるものもある。その辺を細かく突っ込み出すとキリがないので、ざっくり説明した。

＊3 実際には真っ平らな平板でも、同じ理屈で揚力は発生する。ただ翼断面形状に比べて効率が悪く、適切な揚力と抗力のバランスを保てる領域が小さい。

これが、鳥にはプロペラがないのに、羽ばたくだけで前に進む理由である。鳥は翼面に発生する力の鉛直上向き成分で体を支え、前向き成分で推進力を得ている。

これと全く同じことをやっているのが、ヘリコプターである。

ヘリは機体の上に大きなメインローター（回転主翼）を持っており、だいたいは尾部にも小さなテールローターがある。パッと見で考えるとメインローターの風圧で浮き上がり、テールローターで推進しているような気がするが、それは違う。第一、テールローターは横向きに付いていて、推進力には関係していない。あと、メインローターも「風圧で」浮かせているというとちょっと違う。あれは回転主翼、つまり、回転して自分から空気にぶつかりに行くことで風を作り出す主翼である。

前を向いて飛んでいる時、ヘリコプターは少し前傾する。なので、メインローターの回転面も少し前に傾いている。[*4] 鳥と同じく、ローターで発生する揚力は上向き成分と前向き成分の合成になるわけだ。これによって、ヘリコプターは前に進むことができる。ということで、羽ばたき飛行中の鳥の運動は、固定翼の航空機よりヘリコプターに近い。

ホバリングが可能なのも、ヘリコプターと同じだ。ハチドリは空中にピタリと止まって花の蜜を吸うが、その間も毎秒数十回という超高速の羽ばたきで体を支えている。ホバリングしていてもローターをぶん回して揚力を稼いでいるヘリコプターと全く同じだ。

一方、翼を広げたまま滑空している鳥は固定翼機と同じことをやっている。鳥と飛行機を見比べると、胴体があって、主翼があって、尾翼があって、と概ね似ているのはすぐわかるだろう。一つ違うのは、鳥には垂直尾翼がないことだ。

垂直尾翼の役目は、横滑りを止めること、機体の向きを左右に変えること、そして風見効果で機体を安定させることだ。

横滑りというのはピンと来ないかもしれないが、進行方向と機体の向きがずれている状

＊4 ローターブレード（羽）は回転しながらピッチを変えられるので、回転面の後ろ側にいる時にピッチを増やし、前に回ってくるとピッチを減らすようにする。すると回転面の後ろ側で揚力が大きく、前側で揚力が小さくなるので、この不均衡により回転面の後ろ側が持ち上がる。ついでに言うと、機体が前進する時、ローター回転面の左右でも揚力が不均衡になる。ブレードが回転して機体の前に向かう時は回転速度＋飛行速度の風を受けるが、後ろに向かう時は回転速度－飛行速度になるからだ。受ける風の速度が違うので、揚力にも差が出てしまう。これもやはり、ピッチを変えて解消する。つまり、飛行中のヘリコプターのローターブレードは常にピッチを変えながら回転している。とはいえ、速度を上げすぎると左右の不均衡を補正しきれなくなるので、普通のヘリコプターの最高速度は理論上、時速400キロあたりで限界（＊5）。

＊5 では普通でなければ？　コンバータープレーン、あるいは複合ヘリコプターと呼ばれるものは、飛行中にヘリコプターモードから固定翼モードに切り替えて速度を上げる。とはいえ、実用化されているのはアメリカのV‐22オスプレイくらい。最高速度は従来のヘリコプターのざっと1・5倍。

態で、これは飛行機にはつきものである。なにせ空気に乗っかって飛んでいる状態だから、タイヤが転がる方向にしか進まない自動車とはわけが違う（実際には車だって旋回する時は常に横滑りが発生してはいるが）。とはいえ、機体の軸線と進行方向がずれているのは正常な飛行姿勢ではないので、普通はまっすぐ前を向いて飛びたい。この時、飛行機のお尻に垂直尾翼があると、自動的に機体の向きが調整される。横滑りしていると垂直尾翼に斜めから風が当たって押され、一番空気抵抗の小さい角度に収まろうとして、結局、風の向きと機体の向きが一致するわけだ。これを風見効果という。常に風の方を向く風見鶏と同じ理屈である。

逆に、垂直尾翼に付いたラダー（舵）を動かすと、尾翼に横方向のモーメントが発生し、機体の向きが変わる。

ところが、鳥には垂直尾翼がない。これで飛べるのか？　と思うかもしれないが、ちゃんと飛べる。

横滑りを自動的に補正することはできなくても、風に合わせて体を左右に振ればすむ話だ。そのための横安定は、全長よりも長い翼の端でチョイと抵抗を発生させればいい。緩い旋回なら体を傾けるだけだし、急旋回のためにどうしてもラダーが必要な場合は、尾羽をねじって斜めにすれば、ある程度は垂直尾翼の代わりになる。理屈の上では、できないことではないのである。実際、垂直尾翼を廃した飛行機というのも実在する。

ただし、垂直尾翼のない飛行機を実際に飛ばすのは大変だったようで、実用化されたというとアメリカのB-2ステルス爆撃機くらいしかない。いや、「垂直尾翼なし」という形式自体は、ドイツのホルテンHo229が1945年に達成しているし、縮小模型が素晴らしい性能を発揮してもいる。だが、1980年代のB-2まで実用機として出現しなかったのは、コンピューターを介して機体を制御するデジタル・フライ・バイ・ワイヤでもないと、人が乗れるレベルの安全性を保って飛ばせなかったからである。

昔の機体は操縦桿を動かすことでワイヤーやロッドを引っ張り、機体各所にある動翼を操って飛行機を制御していた。文字通り、腕で飛ばしたのである。後に腕力より大きな力が出せるよう、倍力装置を付けたりしたが、人間が動翼の動かし方を直接制御している点は同じだった。

フライ・バイ・ワイヤでは操縦桿はゲームのコントローラーと同じで、「これくらい動かして」という意思を入力するためのデバイスである。後はフライトコンピューターが適切な信号を作動機構に送って、動翼を動かしている。場合によってはコンピューターを介在させて「こう動きたいんですね？」とアシストすることも可能だ。

鳥の場合、操縦桿すら挟まない、脳細胞と神経で直結された体を持っているのだから、垂直尾翼がなくても飛ばすことができるのだろう。我々がヒョイと二本足で立ち、そのまま歩いたり走ったりできるのと同じことである。

翼でわかる種の生態

鳥の翼には様々な形がある。アホウドリの翼は大変に細長く、先が尖っている。クマタカやイヌワシは堂々たる広い翼を持ち、その先端は指のように分かれている。スズメなど小鳥の翼はもっと短くて丸い。

同様に、飛行機の翼にも様々な形がある。大型旅客機の翼は細長く、ジェット戦闘機なら三角形に近い。今は主翼の形にそれほどのバリエーションがないが、同じような条件下で性能を競った機体、例えば第二次世界大戦中の戦闘機などを見比べれば、翼が直線的なもの、先細りなもの、先端を丸めたもの、全体が楕円形に近いものなど、様々な工夫を凝らしていることがわかる。

こういった工夫はいずれも、揚抗比を改善し、失速を防止し、翼内に十分な容積を残し、かつ作りやすくて頑丈で軽くて……という無理難題をなんとかしようとしてできたものである。

鳥の場合、そこまで難しいことにはならない。だが、翼の面積や細長さには、種ごとの特徴が出る。

翼で揚力を得て飛ぶ場合、「翼面積をどれくらいにするか」は大きな問題になる。ざっくり言うと、翼面積が大きいと揚力に余裕があるので、重い荷物を積んでも飛べるし、低速でも飛べる。ということは短い滑走で飛び立ち、かつ、うんと速度を落としながら降りてきて低速で着地し、短い距離で停止できるということでもある。また、翼が大きい方が低速でクルクルと小回りすることもできる。

一方、大きな翼は速度を出す時に邪魔だ。揚力は速度の二乗に比例して大きくなるので、高速で飛ぶ時にはむしろ揚力が過剰になる。ということは、機体をわずかに下向きにしてバランスをとらないと水平飛行できない。第一、無駄に大きな翼は空気抵抗が増えるばかりだ。だが、小さな翼で速度を落とすと、揚力が不足して墜落する危険がある。

翼面積を機体の重さで割ったものを翼面荷重という。翼が面積当たりどれだけの重さを受け持たなければいけないかという指標だ。翼面荷重が小さい機体は、重さの割に翼が大きくて、揚力に余裕がある、ということになる。例えば、狭い空母から運用することを考えた日本帝国海軍の零戦11型は翼面荷重108キログラム／平方メートルだが、同じ海軍機でも陸上基地専用の高速迎撃機である雷電21型は175キログラム／平方メートルに達した。空母から離発着するためには、うんと低速で安定して飛べなくては困るからだ。

当時の空母は風上に向かって全速で航行して向かい風を作り、飛行機は必死で滑走してやっと飛び立つ（時々、失敗して落ちる）というものだったのである。降りてくる時も、甲板で止まれなければ海に落ちるか、並んでいる機体に突っ込むか、フラついて艦橋に突っ込むか、ロクなことにならない。[*6]

これは鳥でも同じだ。鳥の翼面積と体重から翼面荷重を計算すると、なかなか面白い傾向が見えてくる。

まず、猛禽類は全体に翼面荷重が小さい。急旋回が得意で、大きな獲物をぶら下げたままでも飛べるはずだ。一方、高速は苦手になるはずなのだが、おそらく力強い羽ばたきで推力を増やして速度を上げるのだろう。もう一つ、彼らは獲物を襲う時は上空から翼を縮めて急降下して来る。後述するが、鳥は翼を縮めて翼面積を減らすという裏技が使えるから、ここは飛行機とちょっと違う。

ところが、猛禽の中で比較するとミサゴの翼面荷重は妙に大きい。ミサゴは非常に細長い翼を持ち、海上や大きな河川、湖沼など、水辺を飛び回って魚を探す鳥だ。水面近くを泳ぐ魚を見つけると上空から突っ込み、魚を掴んで再び舞い上がる。大きな魚を持ったまま飛ぶ、この鳥の翼面荷重が大きいのは、ちょっと不思議だった。

だが、考えてみたらミサゴは海上を飛ぶ鳥だ。海辺は常に風が吹いているが、巡航速度が風速を上回らないと、風上に向かって飛べない。カラスなど、強風下では必死に羽ばたいても前に進めない時がある。こんな時、カラスはあっさりと飛ぶのを諦めてしまうが、海上にいるミサゴは「ちょっと休んで風が止むのを待とう」というわけにいかない。ある程度翼面荷重を大きくして、高速で飛び続ける設計になっているのだろう。

となると低速で小回りを利かせることができないわけだが、幸いにしてミサゴの巣は崖の上や大きな枯れ木の上で、向かい風や崖下から吹き上げる風を利用すれば、ふんわりと着地できる。どうやらミサゴは水辺に特化した結果、低速で飛ぶことを諦めているフシがある。

もう一つ、翼面荷重がとんでもなく大きいのがハチドリだ。普通、小さな鳥は翼面荷重が小さくなるものだが、ハチドリの翼面荷重は体重が10倍ほどある鳥に匹敵する。

これは、ハチドリが滑空をほぼ諦めた鳥だからである。ハチドリの翼は高速で振り回すことに特化しており、小さく、細く、硬い。前にも述べたように揚力は速度の二乗に比例

＊6　甲板に張られたワイヤーを飛行機が引っ掛けてブレーキをかける装置はあったのだが、引っ掛け損なう、ワイヤーが切れる、飛行機側のフックが壊れる、などの失敗は常に起こり得る。現代のアメリカ海軍でさえ、空母への着艦は「制御された墜落」と呼んでいるくらいだ。

するから、すごいスピードで動かしさえすれば必要な揚力は得られるわけだ。彼らの翼はふんわりと風に乗るグライダーのそれではなく、常に回転しているヘリコプターのメインローターなのである。ハチドリがホバリングして花の蜜を吸う時、彼らは体を立てたまま翼を8の字に振り、前後・上下に発生する力をピッタリ釣り合わせて空中に停止している。この釣り合いを微妙に変えることで、ホバリングしたまま隣の花に移るなんて芸当も簡単にこなす。一方、翼を止めたらあっという間に失速するはずだ。ヘリコプターもオートローテーションという「滑空」手段はあるが、エンジン停止の際に墜落だけは避けるために行う、まあ裏技みたいなものである。

まだまだある飛行時の鳥のスゴ技

前の方で「鳥は翼を縮める裏技が使える」と書いた。

そもそも、鳥が止まっている時、翼は体に沿って畳み込まれる。これは、止まっていても翼が丸出しのペガサスや天使とは大きく違うところだ。

鳥の翼は前肢である。骨にしてみるとよくわかるが、肩から上腕、前腕の作りは他の動物と変わらない。上腕骨は頑丈な1本の骨だし、前腕には橈骨・尺骨の2本の骨がある。違うのはその先だ。手首から手のひら、指にかけては完全に変形して癒合が進んでおり、もはやどれがどの部分ともよくわからない、数個の骨に集約されている。手羽先の先っぽを食べていてコリコリと口に当たる小さい骨が、それである。

とはいえ、鳥の翼も人間の腕も、基本的な関節の数と位置は同じなので、翼の畳み方は、人間が腕を曲げるのに準ずる。脇をキッチリ締めたまま、さらに肘もギュッと締めて、前腕を上腕に引きつけてみよう。そのまま、手首をギュッと曲げると、鳥が止まっている時の姿勢である。逆に腕を真横に伸ばすと、鳥が飛んでいる姿勢になる。ここで「伸ばして、畳んで」を繰り返すと、その途中の段階で、いくらでも翼の伸ばし方を加減できるのがわかるだろう。

これが、滑空しながら鳥がやっていることである。

とはいっても、鳥はそんなにこまめに翼を伸縮するわけではない。だが、非常に細かな制御が必要になる場面が一つある。向かい風による空中停止である。

ノスリ、チュウヒ、チョウゲンボウなど、草原の上空からネズミを狙う猛禽がしばしば使うのだが、彼らは羽ばたきながらアクティブなホバリングもできるが、向かい風を利用して揚力を発生させ、凧のように空中に止まることもできる（ホバリングと区別してハンギングと呼ぶこともある）。

凧と違って糸で繫がっているわけでもないのに、後ろに吹き飛ばされないのは不思議だが、おそらく、翼面で斜め前上向きの揚力を発生させているのだろう。むしろ、前進してしまわないように尾羽をグイと下に曲げ、風に当ててブレーキをかけているのがわかるくらいだ。

この時、風の具合は刻々と変わる。ということは、揚力も抗力も常に変化するので、漫然と翼を広げているだけでは安定して浮いていることができない。この風速の増減に瞬時に対応する方法が、翼の曲げ伸ばしである。

滑空からハンギングに移行するノスリを観察していたことがあるが、翼を縮め気味にして高速で滑空していたノスリが、ヒョイと下を見るなり、翼を広げ始めた。同時に翼を捻って風に当てたのか、ブレーキがかかる。ここでノスリは翼端の風切羽を全開し、尾羽を広げて下に曲げ、ほとんど速度ゼロになった。そうやってハンギングに入りながら、細かく翼をひねったり、伸ばしたり、縮めたりを繰り返す。それでも安定しないとパタタッと羽ばたくが、すぐにまたハンギングを始める。細かな安定の取り方は、綱渡りとか一輪車を思わせる動きである。

鳥の翼を飛行機で再現すると……

こうした鳥の細やかな翼の曲げ伸ばしばかりは、飛行機にはできない。一応、飛行機にも可変後退翼というものはあるが、これは低速で飛ぶ能力と、超音速飛行を両立させるためだ。超音速で飛ぶ時は衝撃波の影響を避けるために後退翼の方がいいのだが、そのままでは低速で飛ぶ時に揚力を発生させにくく、おまけに翼端から失速しがちなので、左右の揚力の不均衡が生じて不安定になる。そこで、離陸・着陸の時は翼を真横に伸ばし、高速になると後ろへ畳み込む方式が考えられた。この翼の起源はずいぶん古く、第二次大戦中にドイツが試作ジェット機・メッサーシュミットP1101で試している。ただ、これは地上で、しかも手動で角度を変えることができるというだけで、飛行中に任意に性質を変えることはできなかった。現代の飛行機ではアメリカのF-111、F-14、B-1、ドイツ・イギリス・イタリア共同開発のトーネード、ソ連のミグ23、スホーイ24、ツポレフ160などが可変後退翼を持っている。いずれも、たっぷり武装を積んで短い滑走路から飛び立ちたい、でも超音速も出したい、という矛盾した要求を叶えるためだ。だが、飛行機で重要なのは平面形の変化、ジオメトリーの方で、どれも鳥ほど大胆に翼の面積を変えてしまおうというものではない（英語ではVGウィングというが、ヴァリアブル・ジオメトリーの略である）。

もっとも、ソ連には文字通り「可変翼面積」というとんでもない実験機があった。翼が振り出し式の釣竿みたいになっており、飛行中にカシャカシャと畳んで縮めることができるのである！　これはすごい！　と思ったが、考えてみたら主翼の中は伸縮機構と縮めた翼で埋まってしまうだろうから燃料も引き込み脚も翼には入れられないとか、何分割もされる動翼はどうなるんだとか、そんな段差のある翼って空力的にどうなの？　とか、問題は山積みだ。さすがにソ連も気づいたと見え、これはあくまでアイディアだけで終わった。

鳥の翼の素晴らしいところは、肩、肘、手首と3箇所に軸（ピボット）を持ち、これを回転させることで翼を重ね合わせるように縮めることができる、という点だ。この重ね合わせによって面積が減る。さらに揚力を減らしたければ、翼を体側に引きつけて横向きにしてしまえばいい。そうすればもう、揚力は上向きには働かない。

こんな便利な仕掛けが飛行機に採用されなかったのは、機械的なピボットというのがとんでもなく重たく、場所を食うからだ。主翼は飛行機の全重量を支えるものだから、その付け根にはかなりの負担がかかる。もし、取り付け角度を変えるための軸があるなら、その軸に全重量がかかってくる。その状態で滑らかに回転しなくてはいけないし、動かすための動力装置も必要だ。前述した可変後退翼があまり一般化しなかったのは、このピボットのせいで構造が複雑になって場所も重さも食われてしまうからである。せっかく「たくさん積んで短い距離で離陸しよう！」と思っているのに、そのためのギミックに積載場所も重量も食われてしまったら意味がない。

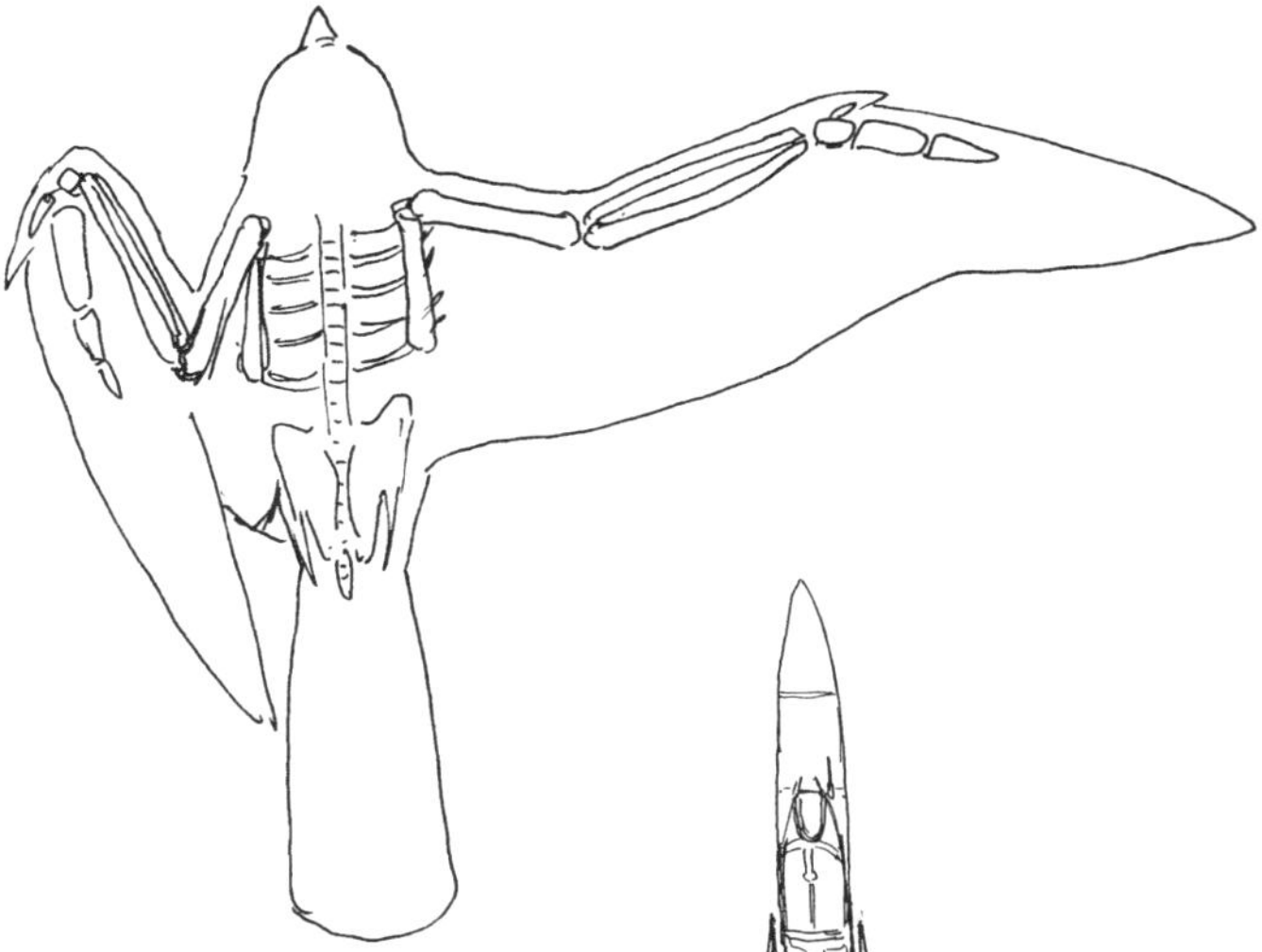

鳥のピボットの例
（翼をたたんだハヤブサ）

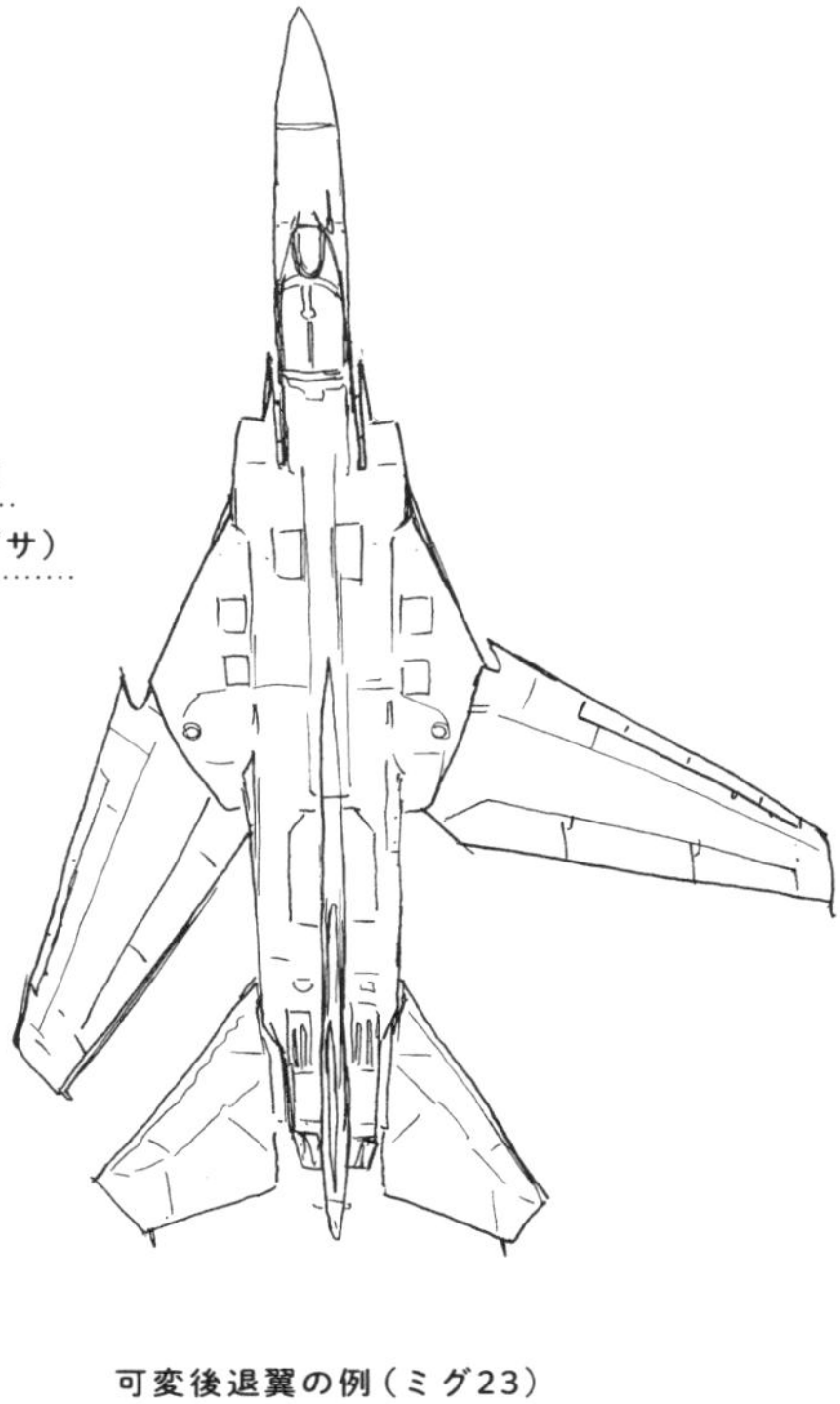

可変後退翼の例（ミグ23）

そんな厄介なピボットを、付け根だけでなく、翼の途中に肘と手首の2箇所も仕込むなんて、到底やっていられない。鳥の成功は、骨や腱や羽毛といった、軽く強靭な構造を作ることができたこと、そして、遠因としては、それで済む程度の大きさに収まったところにある。仮に、鳥の重さが何トンもあるようなら、こんな簡易な構造では済まなかったろう。

飛行機のフラップ、鳥の小翼羽

一方、飛行機は別の方法で、飛行中に揚力を変えることを考えた。それが高揚力装置と呼ばれるもので、フラップがこれに当たる。

フラップとは、主翼の縁を曲げて、断面形を変化させようという発想が元になっている。翼は平板であっても適切な迎え角を取れば揚力が発生するが、平板を曲げて、上がふくらんだ形にするともっと効率がいい。ただし、曲げすぎると抵抗が増えるので、やりすぎてもよろしくない。この曲がりをキャンバーというが、低速で飛ぶ時だけ後縁を下に折り曲げ、キャンバーを増やしてしまおうという発想だ。

その後、フラップはさらに複雑なものになり、後縁から滑り出して面積を増やしつつ折れ曲がる、といったものもある。旅客機に乗ることがあったら、ぜひ、翼の後ろの窓側の席を確保して、フラップの作動を見ていただきたい。離着陸前になると、「ウォーン」という音とともに、3段スライドしながらフラップが滑り出して面積を広げつつ、折れ曲がってキャンバーを増やしているのがよく見える。さらに、フラップ上面で気流が剥離するのを防ぐため、フラップ一段ごとにわずかに隙間をあけ、そこから風を吹き込む凝った仕掛けである。

また、失速しそうになると前縁付近に隙間が開き、翼上面に風を吹き込んで気流の剥離を抑えるものもある。こちらはスラットといい、やはり離着陸時に速度を落とすのを助けるものだ。翼が風に当たる角度を迎角といい、迎角が大きいと揚力が増える。ところがやりすぎると気流が翼面から剥離してしまい、翼は機能を失う。スラットは気流の剥離を遅らせることで、大きな迎角を取れるようにする装置だ。

鳥にはフラップはないが、翼を自由に広げたり捻ったりと、自在に操ることができる。さらに、失速を防止する装置もある。

鳥の親指（第一指）に当たる部分から、数枚の小さく硬い羽毛が生えている。これを小翼羽というが、普段は翼前縁の上面側に畳まれていて見えない。ところが、離着陸時や、低速で飛ぶ時になると小翼羽が開き、サムズアップでもしているように翼から突き出す。

小翼羽の機能は、行動観察と風洞実験から確かめられた。まず、小翼羽を切ったカササギは、垂直に近い角度でパラシュートのように舞い降りることができなくなり、浅い角度で降下して着地するようになる。つまり、あまりに大きな迎角や極低速での飛行ができなくなる。そこで、標本を使った風洞実験を行うと、小翼羽の後方に強力な渦流が発生していることが確かめられた。これが、低速でも大迎角でも失速を防止し、カササギの飛行を支えていたわけだ。

このような、渦を作って気流の剥離を制御する装置をボルテックス・ジェネレーターと呼ぶ。高速で流れてきた空気が出っ張りに当たると、その下流に渦を残す。流れの速い川に大きな石があると、その下流側で流れが乱れているのと同じ理屈だ。普通、こういった渦は抵抗になるので歓迎されないが、うまく使う方法が一つある。速度が落ちてヘロヘロになった流れの上に強力な渦流を流してやると、渦が気流にエネルギーを与え、きれいに流すことができるのだ。つまり、「渦を我慢すれば、もっと大きく気流が乱れるのは防げる」ということだ。

例えば、飛行機の翼の前縁には「ハ」の字を描くように小さなでっぱりが並んでいることがあるが、これもボルテックス・ジェネレーターである。飛行機は翼の上下を流れる気流によって揚力を得て飛んでいるので、これが剥離して乱れると墜落してしまう。

自動車でも、急激に角度が変わる部分は要注意だ。例えば三菱ランサー・エボリューションには、ルーフの後端にボルテックス・ジェネレーターをオプションで追加できるものが

飛行機の高揚力装置

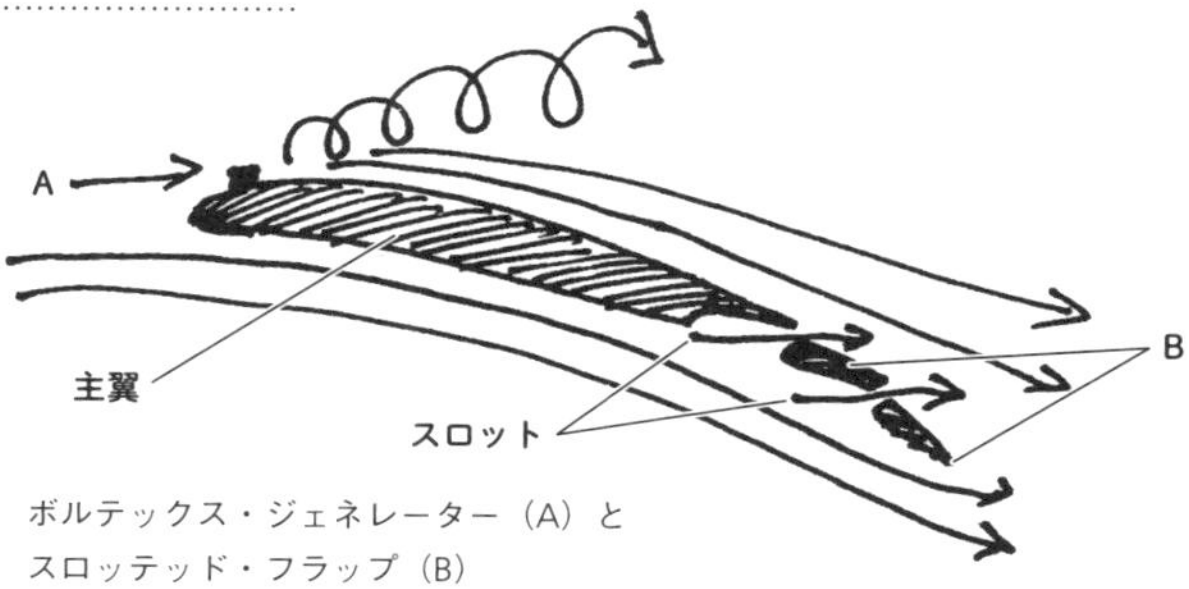

ボルテックス・ジェネレーター（A）と
スロッテッド・フラップ（B）

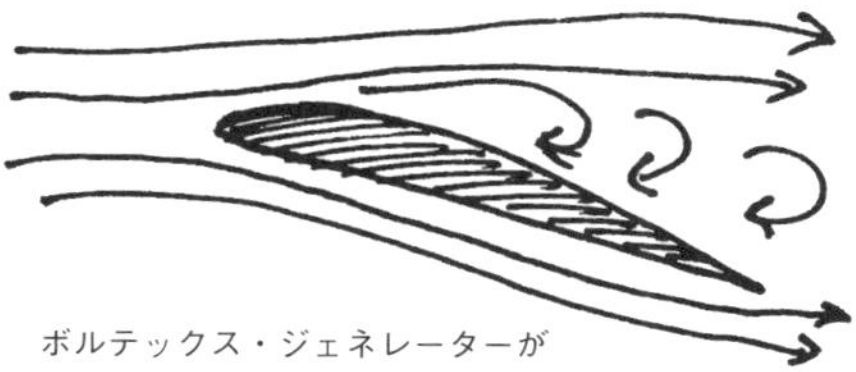

ボルテックス・ジェネレーターが
なければ失速する

鳥の飛行を支える小翼羽の効果

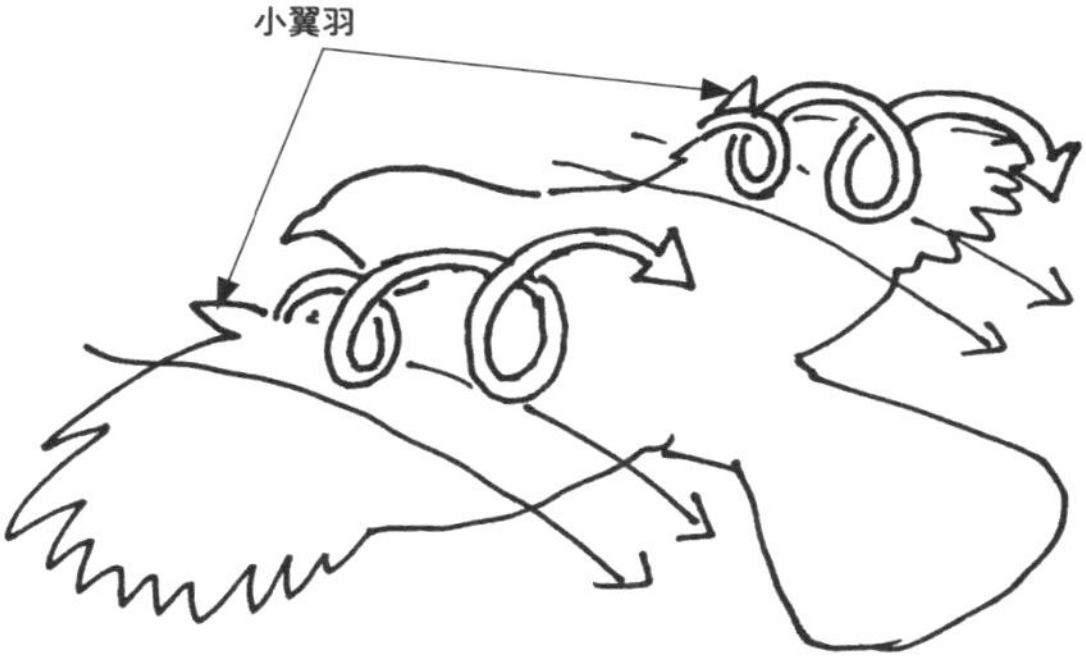

あった。これも、リアウィンドウの落ち込み部分で気流が剥離して抵抗を生む、あるいは車体が浮き上がるのを抑えるためだ。

ちなみに、ハヤブサの風切羽と雨覆羽の重ね目にも妙な段差があり、飛行中に雨覆羽が立っている写真もあったりして、これもおそらく、ボルテックス・ジェネレーターなのだろう。高速で超高機動性を発揮する時にも、失速を防止する「技術」は使われているようだ。

その一方、急激な機動を行った時の制限荷重に関しては、飛行機は鳥に全く及ばない。戦闘機でも制限荷重はせいぜい9G、つまり重力の9倍くらいまでだ。与圧スーツで体を締め付けて血液が偏るのを防がないとパイロットの方が失神する。一方、ハヤブサに加速度記録計を取り付けた例では、急降下から急上昇に転じる瞬間、実に27Gに達した例がある。もちろん瞬間的な値で、持続したわけではないが、飛行機ならほぼ間違いなく、ヘシ折れている荷重である。

人間は鳥を眺めて空を飛ぶ夢を見た。自由に羽ばたいて飛ぶという夢は叶わなかったが、やはり鳥にヒントを得て、滑空して飛ぶことはできるようになった。さらに、羽ばたきとは違う推力を使って、自分の力で舞い上がることもできるようになった。

人類が初の有人動力飛行に成功したのは1903年。それからわずか60年ほどで、高度2万メートルをマッハ3で飛ぶ飛行機まで現れた。これはいかなる鳥もなし得ない性能だ。

それでもやはり、鳥と飛行機は、同様のデザインやメカニズムを持つ部分が多いのである。

CHAPTER

2 鳥と二本足

ご先祖はバイペダル

鳥は二足歩行する生き物だ。

二本足で立って歩く動物はいくつかある。カンガルーは後ろ足で立ち上がって飛び跳ねるし、霊長類も短距離なら二本足で歩けるものが多い。ただし、カンガルーは尻尾を地面に垂らしているので、厳密には三本足になっているかもしれない。サルの仲間は、二本足で歩く時は手を上に持ち上げてヒョコヒョコとバランスを取る。これに対し、鳥類は二本足でスックと立って、スタスタ歩く。動物の中ではかなり、二本足に適応した方である。

ただし、鳥の場合は腰を大きく曲げた状態なので、人間のような直立二足歩行（アップライト・バイペダル）ではない。まあ、直立しているからエラいというものでもないので、その違いを特段にあれこれ言う気はないが、鳥と人間の二足歩行は、たぶん、かなり違う。

そもそも、人間の直立二足歩行というのは、かなり変わった姿勢である。こんな、膝も腰も伸ばして突っ立っている生き物は他にはいない。おかげで、我々は体重50キロから100キロしかないくせに、視点がウマやウシ並みに高い。動物はしばしば正面から向き合った時の背の高さで相手のサイズと戦闘力を推し量るようだが、もし人間を見て「む、こいつはウシくらい」と判断されているとすると、我々は体重にして10倍ほどハッタリをかましていることになる。

一方、特殊な姿勢のせいで困ることもある。例えば、四つ足なら直腸や肛門は心臓より高いところにあるので、直腸静脈の血液は放っておいても心臓に戻る。ところが人間は立ち上がったので心臓の位置が高くなってしまった。そのくせ血管に逆止弁を進化させはしなかったので、どうしても血液が直腸静脈あたりに溜まりがちになる。こうして鬱血するせいで、人間は痔に悩まされることになった。

では、直立二足歩行のメリットはなんだろう。確かに直立したおかげで両手がフリーになったが、別に両手を使えるようにするために二本足になった、というわけではないだろう。両手が使えなければ死ぬような淘汰圧がかかったとも思えないからである。

二本足で何が嬉しいか、については、様々な意見がある。視点が高くなって、遠くまで見通せていい。両手で食物を抱えて歩ける。両手で子供を抱いて歩ける。二本足の方が長距離を移動するのに効率がいい。背が高くなると、捕食者を威嚇できる。

どれももっともらしいが、いずれも「立ち上がることができたので、そういう利点もあったね」といった、副次的な効果ではないか。ちょっと面白い観点として、「チンパンジーが四本足で移動するより、人間が二本足で移動する方がエネルギー効率がいい」という研究はある。チンパンジーはざっと4倍ものエネルギーを使ってしまうのだ。ところが、チンパンジーの場合、二足歩行に切り替えてもエネルギー消費は同程度だ。現代のチンパンジーが頑張って立ち上がっても、とりたてて利点はないようである。

もちろん、人間とチンパンジーは数百万年にわたって別の進化をたどっており、決して、今我々が知っているチンパンジーが人間の先祖というわけではない。共通祖先はヒトでもチンパンジーでもない何かだったはずだ。現代の人間は二足歩行に特化した一方、チンパンジーはそうではないので、その結果を比較するのはちょっとアンフェアではある。

ただまあ、人間のような体型での二足歩行を極めれば、省エネで長距離を歩けるようだ、ということはわかる。ご先祖さまが長距離を歩き回ると決めた時に、直立してスタスタ歩く方が有利になった、そういう瞬間があったのかもしれない。

もっとも、だとしても、「なんでそこで直立二足歩行という道をいきなり選べたの?」

という疑問は残る。草原を歩き回るのに有利だからって二本足になれるなら、チーターもサバンナヒヒも、いきなり立ち上がって二本足でスタスタ歩くフレンズになっていてもおかしくないのだ。なんで人間だけ？

ここで考えなくてはいけないのが、前適応というやつである。

例えば、恐竜の羽毛は飛ぶよりも先に保温やディスプレイのために進化した、という説がある。これが後に飛ぶことに転用されて、より洗練された羽毛になっていった、という考えだ。こういう、「先に何かがあって、うまいこと応用できましたよ」というのが前適応である。というか、進化的に何か新しい構造を付け足す場合、何もないところにいきなり「完成品」が出現するとは考えにくいので、まあ大概の進化は何かしらの前適応があるはずである。[*1]

で、人間の二足歩行の前適応として挙げられることがあるのは、ブラキエーションと呼ばれる運動様式だ。ぶら下がり移動とでもいうか、枝からぶら下がったまま、ヒョイヒョイと移動していく行動である（昔、小学校にはかならず「雲梯」という遊具があったが、あれを

*1 前適応は別に御都合主義ではない。一例を挙げると、化石記録を見ても、発生学的な根拠からも、顎はもともとエラを支える骨の一つだった（昔の魚にはエラが6対かそれ以上あったのが普通）、と考えられている。

使う要領だ)。この場合、背骨から足まで垂直にぶら下がるため、「体幹を立ててバランスを取っている」という意味では、直立していることになる。体重を支えているのは足ではないが、ここで足さえシャンとすれば、二本足で歩くことは不可能ではない。少なくとも、四つ足であった動物がいきなり立って歩くよりは、まだしも道が見えている。人間の場合、こういった進化的な下地の上に、二足歩行が成立したのだろう。

しっぽなくしちゃった問題

では、鳥の場合はどうだろう?

鳥の先祖は恐竜だと考えられている。といっても研究者の間でも意見の不一致はあり、アラン・フェドゥーシアのように「鳥類の祖先は恐竜よりも古い」と主張する人はいるが、まあ、現在のスタンダードな考えとしては、恐竜が鳥の先祖だと言っていい。というより、絶滅せずに生き延びた恐竜の一派を「鳥」と呼んでいる、と言ってもいいくらいの解釈がされている。

恐竜は爬虫類の一種だが、四つ足のものと、二足歩行のものがいた。ティラノサウルス、タルボサウルス、アロサウルス、あるいはデイノニクス、ヴェロキラプトルといった肉食の連中には、二足歩行のものが多かったようだ。そして、鳥の先祖もこの仲間である。

となると、鳥の二足歩行はその前適応として、恐竜時代からご先祖さまがやっていた、ということになる。おお、ラッキーだ。前肢を翼にしてしまっても、二足歩行なら困らない。

……というほど、あっさりはいかないようなのだ。残念ながら。

現生の鳥と恐竜には非常に大きな違いがある。いや、違いはいくつもあるのだが、体のバランスという点で考えてほしい。

大きな違いは、尾の骨だ。

恐竜には長い尾がある。一方、鳥の尾骨はごく短い。鳥の「しっぽ」は尾羽だけでできており、身も骨もない。この移行はどの時点で起こったか？

残念ながら、鳥と恐竜をつなぐ化石は十分に見つかっているとは言えない。昔のように「始祖鳥

恐竜の重心位置

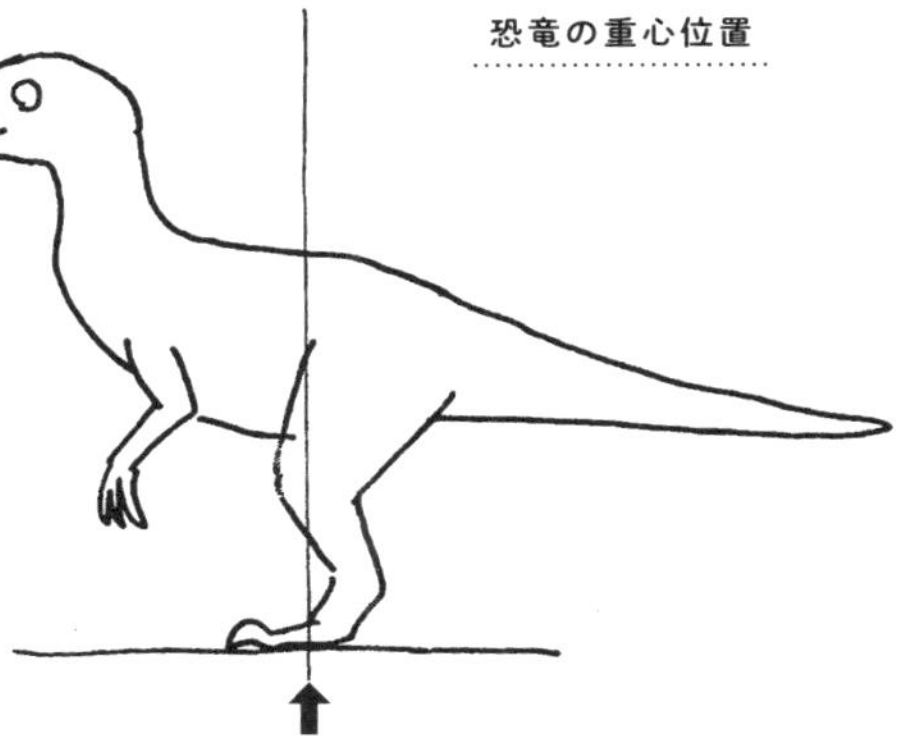

しかなくて困る」とは違って、「羽の生えた連中がいくつも見つかったので余計に道筋がわからなくなり、さりとて全体像が見えるには全然足りない」という困り方なのだが。ともかく、シノサウロプテリクスのような「羽毛があって飛べたっぽい」連中には、長い尾があった。おそらくジュラ紀の鳥であった始祖鳥も、ちゃんと中軸骨格を備えた尾があり、その左右にシダの葉のように羽毛が並んで生えていたと考えられている。一方、白亜紀になると、ヘスペロルニス（これは飛べないが）のように尾骨が短くなり、現代の鳥に近い形になった鳥が登場している。ということは、まあジュラ紀から白亜紀にかけて、鳥の尾骨は短くなったのだろう。

さて、恐竜の長い尾は何のためにあるか。

ここでティラノサウルスの復元図を考えてもらおう。よく発達した大きな顎を備えた頭があり、ほぼ水平に近く倒した胴体があり、胴体の後端にがっしりした脚がある。そして、腰から後ろに向かって、全長の半分ほどを占める太い尾が伸びている。二足歩行で活発に行動したと考えられているヴェロキラプトルやデイノニクスも同じような構成だ。

こういった恐竜は、非常にざっくり言うと、腰の前に胴体と頭、腰の後ろに長い尻尾があって、腰が真ん中にある。そして、その腰に脚が付いて、体を支えている。つまりはヤジロベエである。二本足で立とうとすると、腰より後ろにカウンターウェイト、釣り合いを取るための重りがないと、前につんのめってしまう。
デイノニクスなどではさらに尾が重要だったらしく、長い尾は半ば骨化した腱で固められ、棒のようにピンとしたものだったようだ。これをビシッと後ろに伸ばしていないと安定しないのだろう。また、急カーブなどの運動を助けるバランサーになっていたとも考えられる。[*2]
つまり、恐竜の体のままでは、尾をなくすことなどできない。骨を抜くことはできるかもしれないが、そうするとバランサーのはずの重たい尻尾がダラーンとぶら下がることになる。これでは意味がない。

*2 ただし、恐竜には大きな弱点が一つある。彼らは全ての爬虫類および鳥類と同様、背骨の全長にわたって肋骨があるので、胴体をひねるのが苦手だったはずだ。哺乳類は腰骨の手前に肋骨のない区間があり、ここで胴体を大きくひねったり、曲げたりすることができる。

これができないと、転倒した場合に困る。恐竜がすっ転んだ場合、腰をひねって「よっこいせ」と起き上がるのは、人間が考えるより難しいはずだ。肉食恐竜の狩りについて、「草食恐竜の群れにつきまとい、誰かがコケるまで待って、起き上がれずにじたばたしているところを寄ってたかって食い尽くす」という恐ろしくも情けない方法も仮説に上がっているくらいだ。

ということで、デイノニクスや「ラプトル」にはバランサーが重要だったろうとも言えるし、いかにバランサーを装備しているとはいえ、あまり無茶なアクロバットはしなかったろう、とも思える。

重心位置をどうするか

では、鳥はどうやったか。

まず、鳥類の骨格の特徴は、胴体が短いことだ。現生の爬虫類はだいたい胴体が長いが、あれとは全然違う。いや、トカゲなんかの胴体が長いのは、体をくねらせて歩幅を稼ぐためなので、あれはあれで意味があるのだが。

胴体のひねりではなく、素直に歩幅で勝負したであろう二足歩行の恐竜と比べても、鳥の胴体は短めである。また、ご丁寧にも肋骨には鉤《かぎ》状突起があり、隣の肋骨と一部が重なり合って手を繋いだような形になる。ただでさえ固くて短い胴体が、さらにガッチリとスクラムを組んだように固められているわけだ。

このように胴体を短くコンパクトに圧縮したことで、バランスは腰に近づいただろう。前足の代わりに嘴《くちばし》を自在に動かすため、首は長くなったが、普段はS時に曲げて縮めてあるので、重心への影響は緩和できるはずだ。

だが、まだ足りない。そんなことでは尾が消えた影響を打ち消せない。胴体の後端に重りを積めば解決するが、鳥は空を飛びたいのだ。無駄なカウンターウェイトなんて積みたくない。まあ、飛行機はしばしば、仕様変更が積み重なって重心位置がズレてしまい、重りを積んで重心を合わせる、ということもやっているが。[*3]

ここで鳥がやらかしたのが、「支点の方をずらしてやれば釣り合い取れるじゃない」という大発見だった。つまり、スクワットでもするように太腿を体側に引きつけ、膝の位置を胴体の中程に持ってくるわけだ。太腿は可動範囲を制限してまで強大な筋肉でガッチリと支えてしまっているので、二次的にだが、可動範囲の大きな「足」の付け根は膝になっている。つまり、基本的に膝から下を動かして歩くことにしたわけである。[*4]

これによって、鳥は胴体の真ん中へんから「脚」が生えており、足指が地面に接する位置もだいたいその真下、という形になった。これなら、「胴体＋頭」対「尻尾」というバランスではなく、「胴体前半＋頭」対「胴体後半」でバランスを取ればいい。つまり、鳥が尾骨を失ったことと、スキージャンプの滑降中のような姿勢になったこととは、強く関

＊3　例えばボーイング747も劣化ウラン製の重りを積んでいた（劣化ウランは密度が大きいので、小さくても十分な重さになる）。ただし事故を起こした際に劣化ウランが飛散する危険があることから、ボーイング社が新造する機体については1981年よりタングステンに切り替えているとのこと。既存の機体でも、エアラインによってはタングステンに交換している。

＊4　もちろん太腿も動くのだが、四つ足の動物の後ろ足のように大きく可動はしない。鳥が忙しくテケテケ歩いているように見える時、大きく動いているのは膝より下である。

係しているはずなのだ。

さらに、この変化は、飛行の進化と大きく関係しているはずである。

　鳥が飛ぶ時、体重を支えるための揚力は翼面で発生している。揚力中心は翼弦の真ん中へんになるので、重心位置も同じあたりに来る。鳥は尾羽でも揚力を発生させるので、それを合計すると揚力中心はもう少し後ろになり、伴って重心も後ろにずれることがあるが、どっちにしても極端に翼から外れたところにはない。

ということは、鳥は、その重心を胴体の中程に持ってこなければ飛べないのだ。翼の位置との関係で、重心位置はすでに決められてしまっているのである。となると、無駄な力を使わずに「立つ」ためには、足の位置もおのずと決められてしまう。足も翼の下あたりにないと困る。まあ、体を水平にするか立てるか、によっても重心と足の位置関係は変わってくるが、地上でいろんな姿勢を取りたければ、重心位置になるべく近い位置に足を生やすのが一番いい。

となると、現生の鳥のような姿でないと、飛ぶことと、立つ／歩くことを両立させられないのだ。いやあ、鳥の体はよくできている。進化ってすごいんだね！

いや、そのりくつはおかしい。

鳥の体は、決して一晩にして出来上がったわけではない。長い胴体と、骨の入った尾を持ったご先祖さまがいたのだ。そいつらはどうしていたのか？ わずか一世代にして翼が完成し、筋肉が発達し、三半規管をはじめ空間認識機能が発達し、同時に脚の構造が変わって尻尾もなくなる？ そんなはずがない。もっと中途半端なやつがいっぱいいたはずだ。

例えば始祖鳥がそうだ。彼らはどう見ても飛ぶ以外に意味も必要性もあるとは思えない、左右非対称な羽毛を備えている。羽ばたいたか飛び降りたか助走したかはわからないが、ある程度は飛べたと考えるのが自然だろう。その始祖鳥は、まだ細長い胴体と、中軸骨格を備えた長い尾を持っている。つまり、彼らの重心位置は、まだ腰あたりにあるはずだ。その状態で翼を広げ、颯爽と飛び立ったとしよう。重心位置は腰なのに、揚力中心は胴体の途中。始祖鳥は急激なピッチアップ（機首上げ）に見舞われ、推力不足と失速によって墜落する。

残念なことに重心位置は変更できない。となると、揚力中心を変化させるよりない。揚力中心をもっと後ろに持ってくる、つまり、体の後方でも揚力を生めばいいのだ。

はい、そこに尻尾がありました。

というわけで、始祖鳥のシダの葉っぱみたいな尾は「後部揚力発生装置」であり、あれがないと飛ぶことができない、と思えるのである。ただし、あの長い尾は決して空力的に洗練されているとは言い難い。積極的に揚力をうむというよりは、抵抗源にしかならない気がするのだ。まあ、地上効果はありそうなので、地面スレスレを、体をやや上向けた状態で、必死にバタバタしながらなんとか飛ぶくらいならできるかもしれない。

なお、最近になって研究された始祖鳥標本によると、彼らは後肢にも羽毛を持っていたようである。となると、腰のすぐ後ろあたりでも揚力が発生していただろう。これで腰のあたりをグイと支えてくれれば、多少は飛びやすくなる、ような気がする。恐竜でもミクロラプトルがおそらくこの方式で、四肢に立派な羽毛を持っていたと考えられている。

四肢をバタつかせて飛ぶのは難しいような気もするが、4枚の翼を必死に操る必要はない。鳥が羽ばたくのは推力と揚力を同時に発生させるためだが、前後の翼の両方でやらなくてもいいだろう。カブトムシだって前翅は広げたままで、後翅だけを動かして飛行するのだ。ちなみに、欲を言えば、羽ばたくのは後翅の方がたぶんいい。羽ばたいている翼の後方には複雑な、しかも常に変動する気流が発生するはずなので、その風の直撃を受ける

始祖鳥の重心位置

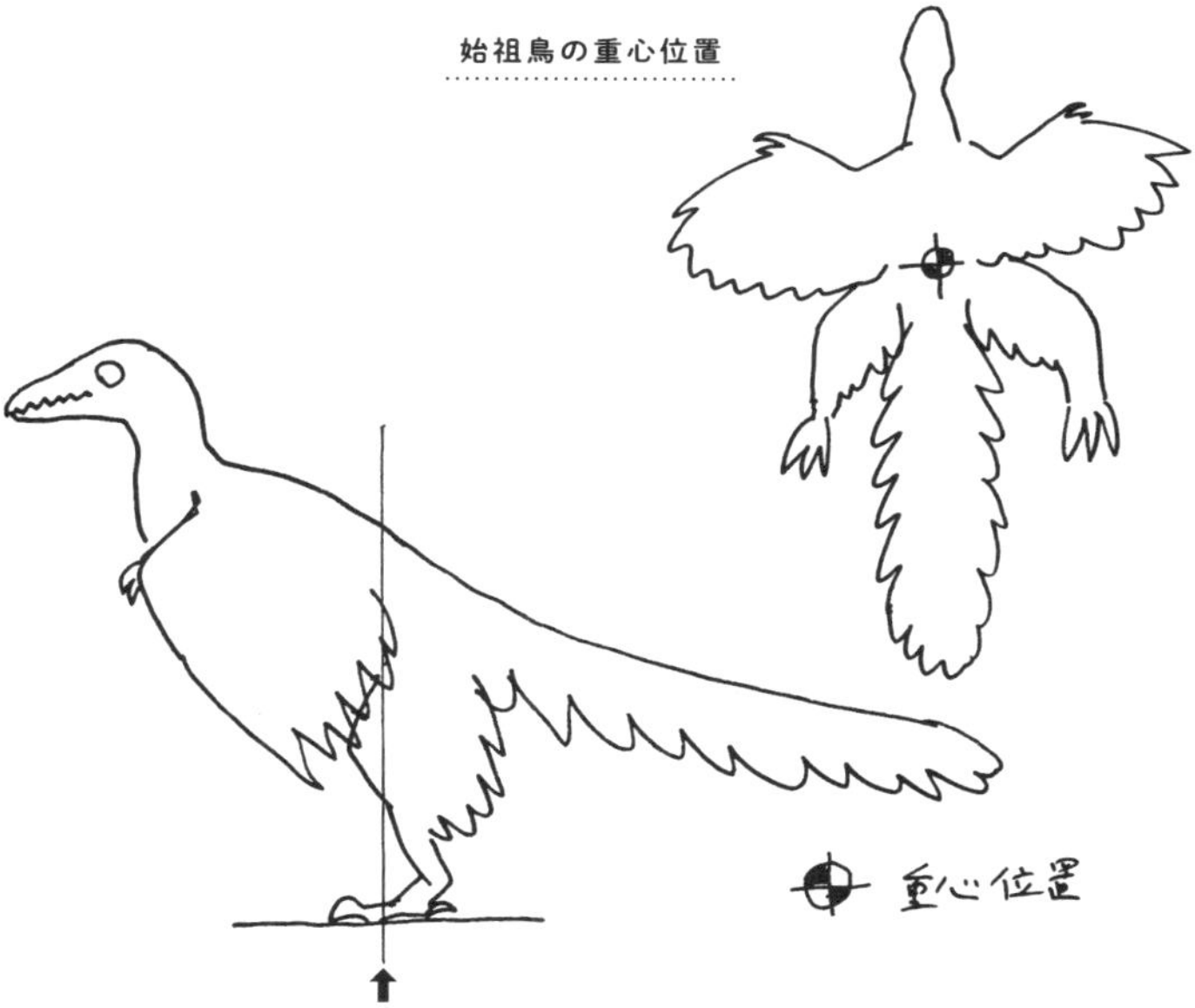

鳥の重心位置

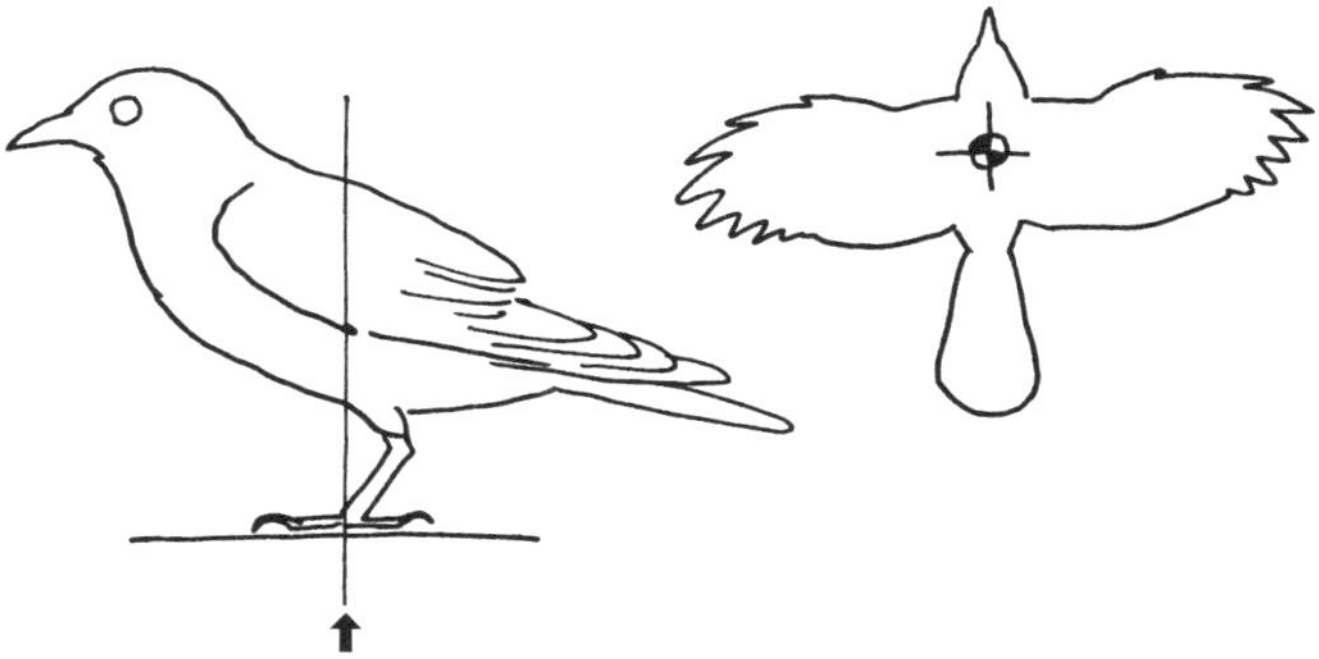

ところに翼をつけると効率が悪そうだからである。となると、始祖鳥やミクロラプトルの理想的な飛び方は、前肢側の翼をピンと伸ばしたまま、後肢側の翼を羽ばたかせて飛ぶ、というものだ。

ただし、こういうことをするには後肢の自由度が足りないかもしれない。後肢は体重を支える方向に特化しているので、だいたいにおいて、動きの自由度が小さい。羽ばたきというのは見た目より複雑な動きなので、やはり、効率の低下には涙を飲んで、前肢側で羽ばたいて飛ぶ方が、ありそうな話ではある。その方が着地(あるいは枝に止まる)のもやりやすそうだし。もちろん、滑空だけなら悩む必要はない。

ちなみに、推進器によって乱れた気流が引き起こす問題は当然、飛行機にもある。機首にあるプロペラの後流はねじれながら絞られつつ機体に沿って流れる、という複雑なものだ。1930年代には紡錘形理論というのがあり、翼断面形の回転体、つまり中程が太く両端を滑らかに細くした胴体形状が、最も空気抵抗が少ないと考えられていた。三菱の戦闘機はこれに基づいてふっくらした形になっている。だが……それは「プロペラがなければ」なのだ。実際にはプロペラ後流の複雑さのため、期待された効果は得られない。特に、高速を追求した迎撃機である雷電が断面積を増やしてまで紡錘形にこだわったのは、残念だが、むしろ間違いである。

ところで、脚の位置と長さは鳥の生活史と直結している。一般に地面を歩き回る鳥は脚が頑丈なだけでなく、長い。特に高速で走り回る動物は歩幅を大きく取るため、脚が長い傾向がある。

鳥の場合、脚の取り付け位置の問題もある。先に書いたように、鳥は大腿部を体側に引き付けた姿勢だが、大腿骨の長さは種類によって違う。

大腿骨を短くした場合、骨・筋肉ともに減らして軽量化はできるが、重心位置が合わないという問題が出てくる。だが、鳥が枝に止まる時は体を起こしてもいいのだ。仮に体を垂直に立ててしまった場合、もはや脚の長さなど関係ない。申し訳程度の足でも、枝をつかむことさえできればバランスは取れる。ただ、その状態から体を寝かせようとした場合、枝を握りしめて、足を踏ん張って必死で耐えなくてはならない。

鳥の中には「お前、歩くことを捨てたろ」と言いたくなる連中がいる。一つは空中生活に重点をおいた、ツバメの仲間、そしてアマツバメの仲間だ。どちらもツバメとつくが、ツバメはスズメ目ツバメ科、アマツバメはアマツバメ目アマツバメ科なので、分類上は全然違う。

ツバメという鳥、電線や軒先に止まることはあっても、地面に降りることが非常に少ない。降りないわけではなく、巣材となる泥を集める時は、もちろん地面に降りている。稀にだが、アリの引っ越し行列の横に降りてパクパク食べていることもある。だが、ツバメが用もなく地面に降りて歩き回っている、なんて姿を見たことはない。彼らは脚が極端に短く、地面から体を離して立つのがほとんど無理だからだ。電線に止まる時も、脚はほぼ羽毛の中に埋まっており、指だけを出して電線に引っ掛けるような止まり方をしている。骨格にするとそこまで短いわけではなく、止まった状態で姿勢を変えられる程度の余裕はあるのだが、やはり体を倒しすぎるとバランスが取れなさそうだ。だが、彼らがそんな姿勢を取るのは、交尾か抱卵だけなのだろう。

アマツバメはもっと極端で、巣の材料すら空中で集める。風で舞い上げられた羽毛や藁くずみたいなものが巣材である。交尾も空中で行う。渡りの間は飛びながら寝ていると言われていたが、最近の研究によると、渡りの時期でなくても高いところを飛びながら寝ていることがわかった。高度を上げてしまえば外敵がいないので安全らしい。空軍基地が爆撃された場合、飛行機を全部破壊されないように空に逃がす「空中退避」という手があるが、それと同じだ。こうなるとツバメ以上に立つ・歩くを捨てた構造をしていそうである。

もう一つ、地面を忘れたような鳥が、カイツブリの仲間だ。彼らは完全に水辺に特化しており、営巣もアシの茎などを集めて組んだ浮き巣で行う。浮巣は低い島のようなもので、水面から腹をつけたままズルズルと這い上がれるので、必ずしも立ち上がって歩く必要がない。いや、実は立って歩くこともできるらしく、その映像を見たこともあるのだが、もう目を疑うばかりであった。

カイツブリは潜水の得意な鳥だが、推進力も方向転換も脚で行う。おそらくそのためだろうが、脚の位置がひどく後方にある。船のスクリューと舵が船尾にあることを考えれば、効率がいいのだろう。だが、そのせいで、体を70度くらい立てないと、重心位置が足の上に来ないのだ。そういうわけで、カイツブリは冗談のように直立した姿勢で、ヨタヨタと立って歩く。日常的にやる行動とは思えない。

水鳥は他にもいるが、どれも地上で草を食べたり、岩場に営巣したりするので、地面を歩くという行動がどうしても必要である。ここまで無茶ができるのはカイツブリならではだ。

ちなみに、「体を垂直近くにして、しかもよく歩く」という無茶を実現してしまったのがペンギン。なんであんな妙なことになったのかわからないが（ペンギンが泳ぐ時の推進力は翼で、脚ではない。よってカイツブリとは異なる理由のはずだ）、彼らは健脚である。南極で繁殖するアデリーペンギンやコウテイペンギンは、繁殖地から餌場まで長距離を移動する。海面が凍結すると、開水面のあるところまで、時には何日も歩いて行かなくてはならない。

にもかかわらず……あのヨチヨチ歩きなのである。まあ、滑らかな場所なら腹ばいになって滑る移動（トボガニング）もできるが。

とはいえ、調査のために捕獲した人に聞くと本気でチョコマカ・ピョンピョンと逃げ回るペンギンを追いかけるのは大変らしいので、「ペンギンはヨチヨチしているから移動能力が低い」というのが、誤った思い込みであるかもしれない。

二足歩行マシン

さて。二足歩行する動物はあまりいないと書いたが、やはり二足歩行はハードルが高いのだろうか？

そりゃもう、むちゃくちゃに高い。コケずに立っているだけでも感動モノである。人間と同じような動的二足歩行を初めて行ったロボットが本田技研工業のＡＳＩＭＯだったことを考えればわかるだろう。歩くだけでもすごいのに、走るわ階段を登るわ、そのたびにサイエンス好き・メカ好き・ＳＦ好き界隈は大賑わいだった。例えて言えば、赤ん坊が初めてつかまり立ちしたとか、クララが立ったとか、それくらいの喜びようだったのである。連邦軍の新型が大地に立つどころの騒ぎではない。

ＡＳＩＭＯ君が画期的だったのは、単なる二足歩行ではなく、動的二足歩行を行うからだ。動的二足歩行というのは、わざとバランスを崩して重心を前にかけ、コケるより先に足を前に出して踏みとどまる、という歩き方である。我々が普通に歩く時は、無意識にこの動き方をしている。一方、絶対にバランスを崩さないまま、少しずつ足を動かしてすり足で進むのを静的二足歩行という。これなら40年前のオモチャにもできた。私も、ゼンマイで歩くマジンガーZを持っていた記憶がある。

第一、必要とあらばとんでもない技術と開発資金を投入してくる軍事目的でさえ、二足歩行型の兵器は皆無だ。それを言うなら実用化された四つ足だってまだないのだが、軍用を視野に入れた四つ足の試作ロボットはいくつかある。ボストン・ダイナミクス社が開発したビッグドッグはASIMO君が二人で獅子舞をしているような、あるいは二人羽織で阿波踊りを踊っているような、フワフワした妙な歩き方をするが、バカにしてはいけない。こいつは階段でも斜面でも悪路でもヨタヨタしながらちゃんと歩く。よろけているようにに見えるが、決してバランスは崩さないのだ。蹴り飛ばしてもフラフラと踊ったあげく、ヒョイとちゃんと立ち上がる。幸いにして、今のところこいつを攻撃的な兵器にする予定はなく、使うとしても「山道でも荷物を運んでくれる、機械仕掛けのロバ」といったものだそうである。[*5]

遥か昔、車輪というものを発明してから、我々は車輪付きの乗り物を発達させてきた。

亜流として履帯（いわゆるキャタピラ）[*6]はあるが、歩くマシンは存在しない。なめらかに回転する車輪に比べ、足で歩くことの優位は、段差をまたげることと、飛び跳ねられることだけなのだ。となると、不整地を移動する場合か、人間と同じ階段を通らなければならない場合くらいしか、歩行機械の意味がない。整地された場所を移動するなら車輪の方が簡単で滑らかなのだ。脚なんか飾りである。

というわけで、モビルスーツやアーマードトルーパーやモーターヘッドやレイバーが実用化される日は、まだまだ先なようである。それどころか、実用品としての巨大二足歩行マシンは日の目を見ないかもしれない。ただ、多脚型レイバーのようなものなら、既に試作された例はある。フィンランドのプラステック社が試作した林業用の重機が六本脚なのだ。メーカーの言い分では、ベッタリと面的に踏み潰す履帯よりも地面を傷めなくていいという。ただし、足先は履帯と比べて面責が圧倒的に小さい。[*7]軟弱な地面だと足が潜ってしまってエラいことになりそうだ。

もし、「歩くマシン」が実用化されるとしたら、災害現場に入って状況確認を行う、歩行ドローンのようなものが最初だろう。段差や階段を自力で乗り越え、瓦礫にも阻まれずに移動できれば便利だからである。にしても……それが二足歩行である必要は、別にない。足場の悪いところを、わざわざバランスの悪い直立姿勢で歩く必要なんかないのだ。ドローンなら4本や6本の足に加えて腕を4本くらいつけたっていいのだし、視点を高くしたければカメラだけ上に伸ばせばいい。

それを考えると、『スター・ウォーズ』に登場したAT‐STスカウト・ウォーカーが森林を歩いていたのはいいとして、あの足場の悪いところを2本足で移動しようというのは無茶であった。そんなことをしているから、丸太をばらまかれて転ばされて撃破されるのである。[*8]

＊5 結局、米軍はビッグドッグの採用を見送った。もう一つ、米軍や自衛隊が本気で開発しているのは装着型のパワーアシストスーツ。乗り込むのではなく、体の各部に装着して筋力を補助するメカで、機械仕掛けのサポーターだと思えばいい。現状、開発の主目的は重たい荷物の運搬や上げ下ろしを行うこと。軍隊というのは、とにかく莫大な量の物資を保管し、消費する存在なのである。民生用としては、介護に使う案もある。とはいえ、日本には『攻殻機動隊』でおなじみの303式強化外骨格を本当に開発しちゃった佐川電子というメーカーが実在し、それに『アップルシード』に登場するランドメイト「ギュゲス」の装甲を取り付けたこともあるから侮れない。

＊6 キャタピラはキャタピラー社の登録商標なので一般用語としてはトラックとかクロウラー。トラックは貨物自動車ではなく軌道の意味。日本語では履帯もしくは無限軌道。

＊7 履帯とは、いってみれば「自前でカーペットを敷きながら、その上を走る」装置である。車輪で直接、地面を踏むよりも荷重が分散するので、泥や雪の上でも沈まずに走れる。一般的に重機の接地圧は人間の二倍程度に収まっているので、人間が片足立ちしてもズブズブ沈まない場所なら、重機も動ける。

まして二足歩行が「逆関節」や「トリ足」である必然性は全くない。鳥の足は膝あたりから下しか見えないので一見、膝が逆に曲がった「逆関節」に見えるが、骨にすればちゃんと普通に膝がある（逆関節に見えるのは足首部分）。これが「トリ足」と呼ばれるタイプだ。一方、大腿部そのものが後ろ向きに生えていて、本当に膝が逆を向いているのが、真の「逆関節」だ。

いや、デザイン的なものとしてはわかりますよ？　スカウト・ウォーカーは一応トリ足だと思うが、あのヒョコヒョコした動きは鳥っぽいのだ。あれが普通に膝を前に出して歩いていたら、なんだか収まりが悪い。むしろ手と頭をつけたくなるだろう。『マクロス』シリーズのガウォーク形態は文字通り逆関節だが、あれも鳥っぽさを演出しないと、「飛行機の被り物をしたロボット」にしか見えなくなる。

一方、四つ足で重々しく歩いて来るＡＴ－ＡＴの方は、普通の関節である。あれはデザインとして「四つ足の巨獣」だから、あれでいいのだ。[*9]

＊8 ウォーカーには「妙に背が高い上、脚周りが完全に露出していて、駆動部分までぜんぶモロ出し」という致命的な欠点がある。被発見率・被弾率を下げるために一番効くのは「低い姿勢」だ。また、体重を支え、かつ複雑な動きをするはずの関節部分の防護が甘いのは非常に問題がある。動いている脚を狙い撃つのは難しいだろうが、機銃掃射される、流れ弾が飛んでくる、爆発した破片を浴びる、といった危険は常につきまとう。スカウト・ウォーカーは弱いものいじめには最適だが、相手が重武装していると手こずるだろう。

＊9 アメリカのＤＡＲＰＡ（高等国防開発局）が数年前に募集したロボットの中に、平地は正座姿勢で車輪で走り、悪路になると正座から立ち上がって歩く、というものがあった。ところがこのロボットのキモチ悪いところは、階段に近づくとクリンと１８０度反転して階段にお尻を向け、そのまま立ち上がると、上半身を腰のところからグルリと回転させて（つまり上半身だけ前後を入れ替えたのだ）、逆関節の足を使って歩き始める、という点にある。なんでそんな気色悪い構造に？

CHAPTER 3

羽毛と悲劇

鳥を象徴するアレ

羽毛のある動物は、今や鳥だけだ。

6500万年ほど前まではもっといたのだが、隕石衝突だかデカン高原の噴火だかによって絶滅してしまった。より正確に言えば、全てが絶滅したわけではなく、比較的小型で飛ぶのが上手だった奴らが生き残り、今は「鳥」として親しまれている、という方がいいだろう。絶滅した連中は恐竜と呼ばれている。

鳥は恐竜から進化したので、分類学的に言えば、恐竜というグループの一部なのだ。もちろん鳥だけを特別扱いして「これは鳥というグループ」とすることはできるが、「でも恐竜の一部ですよね」と言われれば「ハイそうです」と言わざるを得ない。

そう考えると職場からちょっと歩いたガード下では、仕事帰りのみなさんが恐竜の串焼きとビールで疲れを癒している、と言っても間違いではない。だからって焼き竜屋を名乗って流行るかどうかは知らないが。

さて、羽毛の話。口語では「羽」だが、学術的には羽毛と呼ぶ方がいい。「はね」という日本語は翼の意味もあるので、鳥の翼全体を指しているか、羽毛1枚を指しているか混乱する恐れがなきにしもあらず、だからだ。さらにコウモリのような指+皮膜も「はね」だし、昆虫も「はね」なのでさらに混乱する。ということで、この本ではできるだけ羽毛とか翼とか書き分けるようにする。昆虫の場合は「翅」が適当だろう。

羽毛は鱗と同じ材料を使っている。皮膚を覆うようにケラチン質が板状に発達すれば鱗、管状に形成された後で広がれば羽毛である。もっとも、この形成のされ方というのは非常に重要で、鱗がそのまま羽毛になったわけではない、というのも確かである。さらに、毛や爪もケラチンだし、牛や羊の角（の角鞘部分・彼らの角は骨の上に角鞘というカバーが被さっている）もケラチンなので、動物の体表を覆う固めのモノはだいたいケラチンだとも言える。したがって、鱗に似たものではあるのだが、鱗がチョイチョイと変化して羽毛になったというわけではなさそうである。この辺は今もホットな研究課題なのだが、羽嚢が形成されて云々、といった発生学のしちめんど臭い話になるので、これ以上は触れないでおく

（第一、私にもよくわからない）。

このように、この羽毛というのはものすごく不思議なモノでもあるのだが、一方で鳥の生活を支える驚異の構造でもある。

まず、翼を構成するのが羽毛だ、という点。これは動物界を見回しても鳥だけの特徴だ。飛ぶ動物は多いが、全て、骨と皮膜、あるいは体全体で飛行を支えている。羽ばたいて飛ぶという点で鳥に一番近いコウモリは長く伸びた指と後肢、さらに尾の間に皮膜を張る。翼竜類にも羽毛があったかもしれない、という研究はあるが、翼を形成しているのは、あくまで指の骨と皮膜である。

トビトカゲの翼は長く伸びた肋骨で支えた皮膜だ。カエルの中には、大きな水かきを広げて飛び降りるものもいる。トビウオは胸ビレと腹ビレを広げて飛ぶ。イカとトビヘビは体全体で飛ぶ派だ。イカはまだしもエンペラがあるが、トビヘビは腹をグイと凹ませ、空中でも体をくねらせながら、泳ぐように空を飛ぶ。

重ねた羽毛で翼面を形成する動物は、鳥しかいない。

鳥の翼は超絶ギミックの宝庫

鳥の翼は空力的にも、剛性と柔軟性の両立という点でも、非常に優れた構造である。例えば、翼の先端部の風切羽（初列風切の一部）は、重なりあって全体で翼面を作ることもできるし、指のように開いて1枚ずつが小さな翼として機能することもできる。風圧や荷重によって反り返ると翼端上反角がつく。また、翼端付近の風切羽には段刻という、途中で一段細くなる特殊な形状もある。つまり、翼端の羽毛を開いていくと、段刻部が先に開いて気流を吹き出し始めるわけだ。なんか、どこかで聞いたような仕掛けである。鳥の翼面に働く空気力学は複雑すぎて今もって全貌は解明されていないが、「羽毛」という小片を並べて形成し、しかも羽毛1枚ずつを制御して動かせる、という特殊な構造が、鳥の飛行を支えているのは間違いないだろう。鳥の翼面は飛行機どころではなくギミックだらけなのである。

また、羽毛という小さなピースを並べた構造は、衝突に強いという特徴も生んでいる。仮に枝をぶっ叩いたとしても、まず羽毛が曲がって衝撃を逃がしてくれる。羽毛が破損するほど強い力がかかったとしても、破損はその羽毛1枚で済み、周りには被害が及ばない。残った部分は負担が増えるだろうが、少なくとも皮膜のようにビリビリと裂けてしまうことはないし、翼としての形状は保たれる。おまけに羽毛は毎年生え変わるので、長くても1年もすれば元に戻る。

この「強い力がかかっても逃すし、いざとなれば裂けるが、元に戻る」という特徴は、羽毛1本ずつも持っている。羽毛は中央を通る筒状の羽軸と、その左右に平たく伸びた板状の羽弁からなるが、この羽弁が非常に面白い構造をしているからである。

羽弁を形成しているのは、羽軸から枝のようにびっしりと伸びた羽枝だ。この羽枝には、さらに小羽枝（羽小枝とも）という小枝がびっしり生えている。虫眼鏡で見ても、羽枝から毛のようなものが生えているのがわかるが、これが小羽枝である。

で、小羽枝には鈎状の突起がたくさんある。これが周囲の小羽枝と絡み、マジックテープのようにくっついてしまう。その結果、羽枝同士もひっつくことになり、1枚の羽弁が形成されるわけだ。

羽弁は言ってみればマジックテープの集合体みたいなものなので、力をかけると結合が外れ、羽

鳥の翼面を形成している「羽毛」とその各部の名称

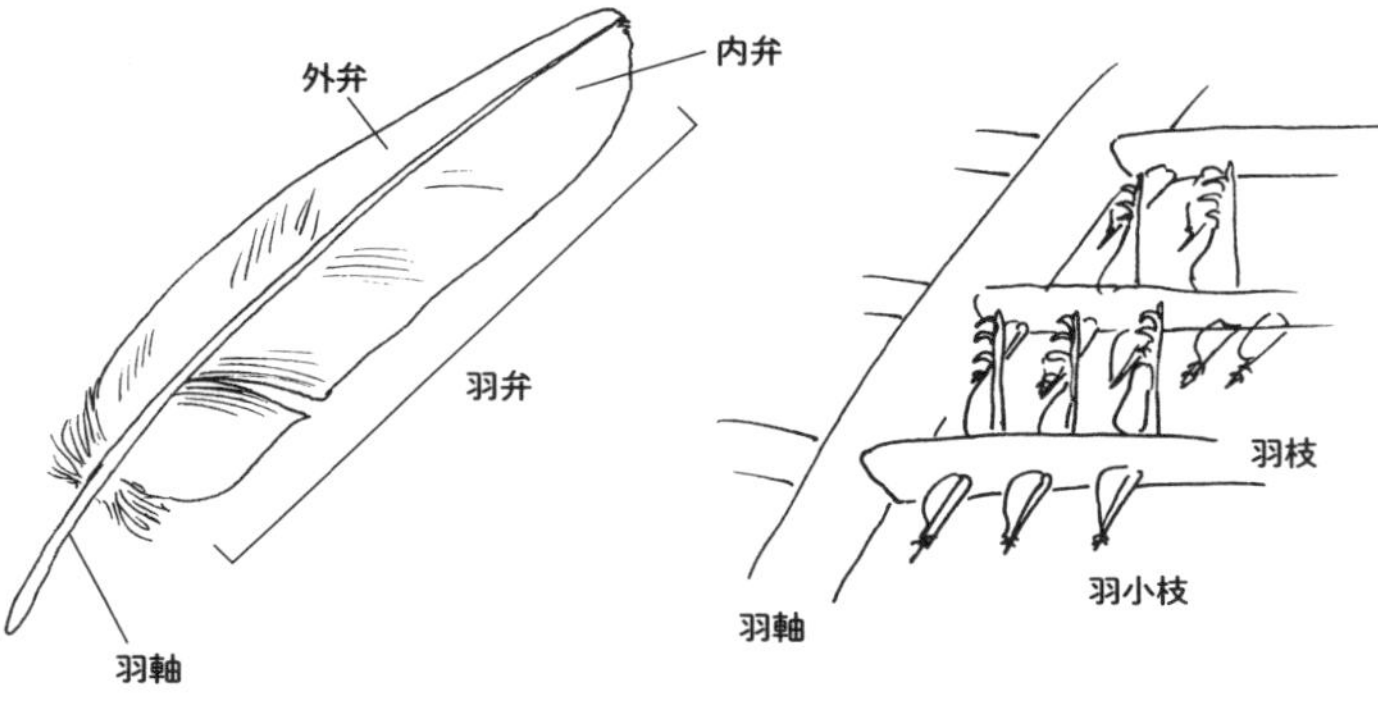

枝はペリペリと分かれる。つまり、羽弁に切れ目が入る。ところが、この切れ目を合わせて上からチョイチョイと擦ると、あーら不思議。羽弁は元どおりにくっついてしまう。これはその辺でハトの羽でも拾えば試せるので、ぜひやってみてほしい。

鳥の生活の中で、翼を小枝にひっかけた、何かを叩いた、風圧が大きすぎた……こういう日常的な外力がかかると、まずは羽弁がピリッと破れて力を逃す。だが、後で羽繕いをしておけば、元に戻るのである。

こんな便利な構造は、今もって航空機には実装されていない。ただ、第二次大戦末期に米海軍が採用したグラマンF８Fという戦闘機には、外翼が脱落する仕掛けがあった。過大な力に対して主翼全体が耐えるのではなく、折りたたみ部分からきれいに折れるようにしたのだ（これによって１００キロの軽量化に成功）。翼の一部を失っても、無理は効かないが飛行はできる。だが、さすがに撫でれば直る、というものではない。

羽毛の長所その１「防水性」

羽毛の持つ防水性も非常に興味深い。

水浴びするカラスを見ているとよくわかるのだが（別にカラスでなくてもだが）、彼らの羽は驚くほど水を弾く。水の中に体をつけていても、立ち上がると水滴が玉になって転がり落ちる。ここまでの撥水性を発揮するのは人間の技術でも難しい。記憶にあるのは、購入したばかりのゴアテックスのカッパと、岐阜大の友人が趣味で偏執的なシリコンコーティングを施したテントくらいだ。もっとも、カッパの方は数回使ったらすっかり撥水性が頼りなくなってしまったが、コーティングとはそんなものだ。撥水スプレーを吹き付けたら、新品同様とまではいかないが、そこそこ性能が戻った。

さて、鳥の羽毛は撥水性ではあるが、完全防水ではなく、濡れる時は濡れる。ただ、その羽が何百枚もぴっちりと重なって体を覆っていると、皮膚にまで水が達するのはかなり防げる。その結果、水鳥は長時間ぷかぷかと浮いていても平気である。水に浸かりっぱなしだった部分はもちろん濡れてくるのだが、しばらく干していれば乾くようだ。羽毛の繊維自体は水を吸いにくく、羽枝の隙間に入った水を抜いて乾かせばいいのだろう。

羽毛の撥水性については、尾羽の付け根にある尾脂腺から分泌されるワックス状の油脂を塗っているせいだと言われてきた。あるいは、粉羽といわれる、羽毛についた微粉末も関係していると言われていた。これに対し、最近のいくつかの研究は、羽毛の微細構造自体が撥水性を持たせていることを示している。小羽枝、あるいは小羽枝が含んだ空気層が表面張力を保ち、水滴が弾けて水を染み込ませるのを防いでいる、というのだ。確かに羽毛の表面をコロコロと転がる水滴を見ていると、ワックスだけであんなことができるとは思えない。

しかし、「羽毛をどれだけ洗っても撥水性は残る」という意見にはちょっと、首をかしげるところもある。キシレンなどで完全に脱脂してしまうと、羽毛はすぐ水浸しになるからだ。また、1999年に起こったナホトカ号座礁事故も、油脂の必要性を証明しているように思う。この時は流出した重油により、多くの海鳥が汚染された。重油が残ったままだと、鳥は羽繕いをしようとして油を口にし、結果、中毒を起こして死んでしまう。そこで、保護した鳥は大急ぎで油を落とさなければならないのだが、その時に羽毛も脱脂される。すると、そのまま放しても海に入った途端に浸水し、凍死してしまうのである。鳥自身が羽毛のメンテナンスを行って防水性を回復するまで待たなくてはいけなかった(で、回復に時間がかかると床の上に座らせておくしかなく、これが脚の床ずれを招いて感染症から死亡、という残念な例がいくつもあった。海鳥は休む時は水上に浮いているのが基本で、硬い床に座り続けることが少ないのだ)。

というわけで、羽毛は構造的に撥水性を持ってはいるのだが、油脂も一役買っていることには違いなく、特に防水機能が強力な水鳥・海鳥については、油脂による防水も重要ではないかと思っている。実際、ウミツバメやミズナギドリなどは強烈に脂臭くて、剥製にしてもひどく臭うのだ。ただし、この仲間は自分の巣穴を匂いで識別するようなので、匂い付けとして油臭さが発達したという可能性も、考えられなくはないが。

もう一つ、恐ろしく油臭いのがカワウだ。カワウは潜水して魚を捕食する鳥だが、しばしば、濡れネズミになって岸辺に上がってくると、翼を広げて日干ししている。これについて、カワウは尾脂腺が発達しておらず、防水性が足りないので水に入るとびしょ濡れになってしまうからだと言われていた。ところがどっこい、カワウの雨覆羽を拾って嗅いでみると、恐ろしく、それこそ海鳥並みに油臭いのである。尾脂腺は十分に機能していた。ついでに、水をかけてみると、見事にコロコロと弾いた。撥水性も十分である。

ただ、この羽毛は縁のあたりが擦り切れたようになっており、長時間水につけていると、そこから水を含んでくる。アメリカヘビウの羽は水を含みやすい構造だという研究があり、潜水のため水を重石に使うという指摘がされている。

羽毛の長所その2「保温性」

羽毛の機能は他にもある。類い稀な保温性だ。

鳥の体温は40度ほどある。タンパク質が高温により変性して失活する、つまり「煮えて死ぬ」温度までほんの数度しかない。もちろん、とことんまで代謝を上げて空を飛ぶためだ。かなりヤバい領域に踏み込んでいるが、彼らはその温度を維持して活動しなくてはいけない。

鳥は非常に軽く、小さな動物だ。小さな動物は熱の発散が早い。これは体積と表面積の問題だ。

一辺が1センチのサイコロは、体積1立方センチ、表面積6平方センチだが、これを一辺2センチに拡大すると、体積は8立方センチ、つまり8倍にもなるのに、表面積は24平方センチ、4倍にとどまる。動物に例えると、体重8倍、そこに溜め込む熱も8倍になったのに、熱を発散する体表面は4倍にしかなっていない、ということになる。もっと身近な例えで言えば、湯飲みのお茶はすぐ冷めるが、風呂はなかなか冷めないのと同じだ。ということで、大きな動物はなかなか冷えない。逆に言えば、小さな動物はどんどん冷える。

鳥は高い代謝能力でこれに対処するが、代謝によって熱を上げるにはガンガン食い続けなければならない。実際、鳥はものすごいハイペースで餌を食べるのだが（寒い時期の小鳥が小さな昆虫だけを餌にして生き延びようとすると、数十秒に1回のペースで食べ続ける必要があると試算されている）、それだけでは眠る暇さえない。ということで、熱を逃がさない装置として、羽毛が大きな役割を果たしている。

実際、鳥の羽毛の断熱性は恐ろしいものがある。例えば寒い場所にいる水鳥が陸地で休憩している時、羽の表面についた水滴が凍っていることがある。羽毛の表面は0度以下なのだ。一方、そのわずか数センチ下の体は、40度もの温度を保っている。ほんのわずかな空間に熱を閉じ込めて外に出さない、逆に言えば外気の寒さを締め出しているわけである。これが、鳥の綿羽（ダウン）の威力だ。

寒い場所で過ごす鳥は、いわゆる「羽」の形をした羽毛以外に、タンポポの種かケサランパサランみたいに羽枝を伸ばした綿羽を持っている。この、ごく柔らかい羽枝がお互いにもつれ合うことで、間に大量の空気を抱え込むことができる。その外側を覆うシェルとして、羽弁を備えた正羽がある。これによって外気も風も雨も遮り、大量の空気を抱え込んだ断熱層で体温を保つわけだ。寒いところに住む鳥は正羽の下に綿羽があり、特に冬になるとみっしり生える。暖かい地域の鳥はそこまではやらないが、それでも正羽の根元にポワポワした綿毛があり、保温の役目を果たしている。

これを利用しているのが、人間の使うダウン製品である。

ダウンジャケット、ダウンベスト、羽毛布団、いずれも羽毛の持つ断熱性をそのまま利用した製品だ。ダウンの性能はフィルパワーという数値で表されるが、これは1オンス（28・4グラム）のダウンを容器に入れ、一定の荷重をかけた時に何立法インチ（16・4立法センチ）に膨らんでいるかを示すものだ（アメリカとヨーロッパで測り方が違うが、これは単位系の差による）。普通のダウンでも600フィルパワーくらいというから1万立方センチ

――つまり21・5センチ角の立方体を満たす体積になる。上等なものなら700―800フィルパワー、最上級だと900フィルパワーに達するという。フィルパワーが大きいということは、同じ重さでもそれだけの膨らみを持つ、言い換えれば大量の空気を含めるということで、軽くて断熱性の高い製品ができる。

私は山に入ることもあるので山道具を一式持っているが、道具の中で一番かさばるのが寝袋だ。私が持っているのは化繊の中綿を詰めたもので、気温1度まで対応のモデルを丸めて収納袋に入れると直径25センチ、幅50センチくらいの円筒になる。大型ザックに入れるにも、ギュウギュウ詰めないと収まらない。重さも1・1キロほどある。

これが、同じメーカーで同じ温度に耐えられるモデルでも、ダウンを使った最高級モデルなら重さは500グラム。サイズも直径13センチ、長さ26センチだ。丸めれば雨ガッパくらいのサイズに押し縮められるし、重さは半分。これがダウンの威力である。ただし、お値段は3倍以上（！）。さすが高級品。

しかしながら、ダウンには化学繊維に対する決定的な不利が一つある。それは、濡れると完全に威力を失うことである。

ダウンが断熱性を持つのは、四方八方にフワフワと伸びた羽枝のせいだ、と先に書いた。ところが、この羽は正羽と違って防水性を持っていない。そのために、水を含むとペシャンと潰れてしまう。その結果、せっかくのかさがなくなり、空気を含むこともできなくなって、あっという間に断熱性を失うのである。ということで、山でダウンの寝袋を使う場合、濡らさないように注意がいる。テントというやつはしばしば浸水するからである。浸水どころか、夜中に目を覚ましたらテントの中を水が流れていたことさえある。ついでに、濡らしてクシャクシャにからんでしまった羽毛は、ただ干しても決して元には戻らない。上手にほぐして均《なら》してやる必要がある。この点、化繊の中綿は水濡れに強いので、濡れてもある程度は性能を保てるし、適当に干してもわりと大丈夫である。

ともあれ、この「軽くて暖かい」という特徴は、人間に天国のような寝心地、着心地をもたらす。そして、鳥には地獄をもたらしたことがある。その代表例は、残念ながら日本でのことだ。

美点がもたらした歴史的悲劇

伊豆諸島の南端に近い無人島、鳥島はアホウドリの繁殖地だった。アホウドリは翼を広げると2メートル以上にもなる大型の海鳥だ。普段は海上を飛び回っているが、繁殖時期になると無人島に集まり、地面に卵を産んで雛を育てる。夏は太平洋北部で暮らし、冬になると南下して日本近海にやって来る。そして、確認されている繁殖地は鳥島、尖閣諸島、小笠原の一部だけだった。ここ、重要なので覚えておいていただきたい。限られた場所でのみ繁殖しているということは、たとえどれだけ親鳥の行動範囲が広かろうと、個体数が多かろうと、繁殖地を潰してしまえばもう生存できない、ということなのだ。

アホウドリは一度飛び立ってしまえば、風をつかんで自在に飛び回る優雅な鳥なのだが、地上では今ひとつ、動きが鈍い。もちろん歩いたり走ったりはできるのだが、長すぎる翼が災いして、羽ばたきによって急加速するのが苦手なのだ。だから、飛び立つ時には斜面を利用して飛び降りるか、助走する必要がある。第一、彼らは天敵のいない小さな孤島に暮らしていたので、「地上に外敵がいる」という発想が、そもそもなかった。

これが災いした。人間が繁殖中のアホウドリに

19世紀終盤から半世紀に渡り日本で繰り広げられた惨劇の主人公となってしまったアホウドリ

近づいても、「なあに？」と見ているだけなのだ。そんな純朴な鳥を撲殺するのは簡単だった。しかも、アホウドリは海鳥で海面に着水するから、断熱性の高い綿羽を持っていた。アホウドリを捕まえれば羽布団が作れる——そう目をつけた日本人によって、1887年から羽毛目的の捕獲、言い換えれば虐殺が始まった。

当初は海外への輸出が主だったようだ。あまり知られていないが、1800年代を通じて、羽毛産業は巨万の富を産んでいた。羽毛布団のみならず、当時のファッションには羽毛がふんだんに使われたからである。特に婦人用の帽子は色とりどりの羽毛で飾られていた。シャーロック・ホームズなどを注意深く読むと、あるいはロートレックの絵画などを見ているとわかるが、19世紀には庶民も紳士もネコも杓子も何かしら帽子を被っており、上流階級のご婦人ともなれば、ボンネットやベールで顔を隠し、華美な帽子で飾り立てるのが「人前に出る時の当然のマナー」とみなされていたのである。

ということで、1800年代後半の羽毛取引は凄まじい額に達しており、「鳥の羽は資源だ」というのは当時の当たり前の認識だった。東洋の新興貧乏国にすぎなかった日本としては、なんとしても外貨を稼ぎたかったろう。

だが、1910年には羽毛の貿易が規制された。この背景にはアメリカで始まった鳥類保護活動、世界初の鳥類愛護団体であるオーデュボン協会の発足や、それに伴う羽飾りの廃止運動がある。しかし、アホウドリの羽毛は国内向けに採取され続けた。殺された数は累計で600万羽以上と言われている。島にはアホウドリを積み出すためのトロッコ線路が敷設された。だいたい、「阿呆」鳥という失礼な名前は、逃げるのが下手でいくらでも採れるから、という侮辱的な理由からである。中国語には信天翁という立派な名前があるし、日本語でも「沖の太夫」という優美な名前があるのに。

これは1936年に捕獲が禁止されるまで続き、かくして、「島が真っ白に見える」「群れが一斉に飛び立つと、島が浮き上がるようだった」とまで言われたアホウドリの個体群は、壊滅した。しかも1939年には鳥島が噴火した。この後しばらくは戦争のため、日本はアホウドリどころではなかったが、1949年にアメリカがこの島を調査した時も、アホウドリは発見されなかった。島を埋め尽くすほどだった沖の太夫をこの世から消し去るまで、わずか50年あれば事足りたのである。

幸いにして、本当に全くの幸運だが、1952年に鳥島にアホウドリが何羽か戻っているのが見つかった。アホウドリが成熟するには10年以上かかるので、鳥島生まれの個体が何年もよそで暮らし、生まれ故郷に戻ってきたのだろう。その後は様々な保護活動が実を結んで、アホウドリの個体数はなんとか、5000羽以上まで回復している。

ドードー、リョコウバト、カロライナインコ、オオウミガラス、ステラーカイギュウ……世界各地で、世界中の人間が様々な動物を絶滅させてきた。アホウドリが辛うじて生き残ったのは、全くの僥倖だった。人間は、人種や国籍や肌の色に関係なく平等に、どいつもこいつもクソだと思う瞬間である。

採取方法は時代により適切化

ただし、現在我々が利用しているダウンは、そこまで後ろ暗い品ではないので安心していただきたい。大半は食用などに飼われているアヒルやガチョウの羽だ。ただし、こういうダウンはそれほど高品質ではない。等級の高いものは、それ用に品種改良された鳥から取る。鳥の羽は生え変わるから、殺さなくたって1年に1回は手に入るのである。

そして、今も最高級ダウンとされているのがアイダーだ。アイダーとはケワタガモのこと。日本語も毛綿鴨の意味である。

北極周辺の、夏でも氷雨が降るような極寒の地で繁殖するケワタガモは、卵と雛を守るため、巣にびっしりと自分の羽毛を敷き詰める。カルガモなんかもやるが、ケワタガモの場合は分厚い羽布団を被せたように、すっぽり覆ってしまう。アイダーダウンとして使われるのはこれである。もちろん、営巣中に分捕ってしまうと繁殖できずに絶滅してしまうので、繁殖が終わってから、古巣に残ったダウンを集めて洗浄して使っている。

もう一つ、羽毛にかける不思議な情熱をご紹介しよう。２００９年、トリングにある大英博物館の分館から、２９９点もの鳥類標本が堂々と盗み出された。犯人はフライ・タイイング（釣り用の毛針作り）にのめりこんだ青年。理由は「現在は手に入らない珍しい鳥の羽をフライに使いたかった（そして販売したかった）」からである。にしてもそこまで入れ込むなんて……と思うかもしれないが、ニワトリの中にはフライの材料用に品種改良されたものもいる。人間の欲と努力には果てというものがない。

さて、羽毛は耐熱を逃さないようにできている。これは時にマイナス20度にもなる環境で夜を過ごす、体重10グラムほどの小鳥にとっては命綱になるだろう。そして夜が明けて、鳥は餌を探すため

極寒の地で産卵、育雛を行うケワタガモは子育て終了後、人間に最高級ダウンを提供してくれる

に飛び立つ。体重の20%以上にもなる巨大な飛翔筋をフル稼働させて。

考えてみたらこれは一大事だ。ダウンのベンチコートを着て寒さをしのいでいたアスリートが、ベンチコートを脱がずに全力で走り出したようなものである。人間なら瞬時に汗が噴き出してくるが、鳥には汗腺がない。自前の羽毛だから、コートを脱ぐこともできない。体温急上昇。鳥はもともと体温が高いとはいえ、タンパク質が高温で変性するまで数度の余裕しかない。そして、生命活動を支えるタンパク質が変性する時、鳥は二度と再び、立ち上がる力を失ってしまうのである。

ということで、鳥は保温にものすごく気を遣っているくせに、オーバーヒートに弱い生き物でもあるわけだ。

となると熱を逃がさなくてはならないわけだが、鳥が熱を逃がせる場所は、意外とある。まず第一は呼吸器。イヌも暑いと舌を出してハアハアするが、鳥はもっと効率よく、呼吸器官の表面から熱を発散できる。というのも、鳥は体内に気嚢という袋をいくつも持っており、これが呼吸する時の吸排気経路になっているからだ。筋肉や内臓の間に入り込むように配置されているので、いわば体内に設置されたラジエーターとして、効率よく熱を放散することができる。しかも鳥は1分間に200回も「あえぐ」ことができる上、吸気＞気嚢＞肺＞別の気嚢＞排気と空気を一方通行で流せる。哺乳類のように、出入り口が一つしかない肺で吸って吐いてする必要がないのだ。というわけで、鳥は驚異的な酸素取り込み能力を持っていると同時に、非常に効率よく排熱もできる。鳥の種類や大きさによっても、また置かれた状態によっても全く違うだろうが、鳥が発散する熱の40%くらいは呼吸器から排出しているという研究もある。

あとは羽毛がない、あるいは薄い場所からの放散だ。足、嘴、目の周りは羽毛がないか非常に薄く、熱を逃がせる場所である。実際、熱映像装置を通すと、そういった場所の温度が高いことがわかる。温度が高いということは、つまり体熱が漏れているのだ。嘴は牛の角と同じく、骨の上に角質の鞘が被さっており、間には血管もある。面積が広く、その表面に毛細血管がたくさん走っているということは、まさに血液を介して体熱を放散するラジエーターというわけだ。オオハシやサイチョウの巨大な嘴は、そのために進化したとは言わないけれども、効果的な放熱板になるはずである。もっともエトピリカやツノメドリのように北国の冷たい海に住みながら、大きな嘴を持ったものもいるのだが……[*1]。

*1 最近、ニシツノメドリの嘴には紫外線をよく反射するバンドがあることがわかった。人が見ても派手だが、鳥の目で見るともっと派手な縞模様になっているらしい。なので、あれはたぶん、種認知や異性に対するアピールとしての「看板」である。まだ確認されていないが、エトピリカもたぶん同じだろう。

なお、寒い時は首を後ろに向け、嘴を背中の羽毛に埋めて眠るので、嘴から熱が逃げっぱなし、というわけではない。脚も同じで、飛行中は羽毛の中に引っ込めることもできるし、特に寒冷な地域に住むライチョウなどは脚まで羽毛がある。

ところが、問題なのは水鳥の足だ。水は比熱が大きく、温まりにくく冷えにくいが、同時に空気より圧倒的に密度が大きいので、結果として効率よく熱を奪い去る。気温20度なら快適だが、水温20度では寒くてたまらないのはそういう理屈だ。同じ温度でも水中の方が20倍くらい冷えるのが早い場合さえある。となると水中に足を突っ込みたくはないだろうが、泳ぐためには足で水をかく必要がある。では自慢の綿羽で？　それも無理。綿羽は水に弱いし、綿羽を守るために正羽をゴッチャリ生やしたら羽毛を踏んで歩くことになる。それではあっという間に羽毛が擦り切れ、へし折れるだろう。

これを解決するために、カモ類は熱交換装置を持っている。体幹から足先に向かう血管と、足先から体幹に戻る血管が接近している部分があるのだ。ここで、体幹から足先に向かう暖かい血液が、足先から戻って来た冷たい血液を温める。つまり、足先に向かう血液が持っていた体温を奪い、体幹へ戻る血液にその熱を与えたわけだ。その結果、足先に達する前に血液は冷やされ、水との温度差が小さくなっている。もちろん、それでも足は冷えるのだが、血液が持っていた熱の一部は回収済みなので、せっかくの体温を奪われ放題よりはずっといい。そして、その冷たい血液が体幹に向かって戻っていくと、今度は温められる側になる。そうやって熱を受け取って、体幹へと戻る。

というわけで、彼らは足からの体熱の発散を減らすことができる。

もう一つ、羽毛は鳥の体の表面に一様に生えているわけではなく、羽毛のある領域と、ない（あるいはごく薄い）領域がある。羽毛の薄い領域も、伸びた羽毛によって覆われているから、普段は皮膚が露出しているわけではない。だが、やはりそこは羽毛の重なりが薄く、熱が逃げやすい箇所である。代表的なのが脇あたりで、運動量の大きい飛行中はこの辺を風にさらすことでも熱を逃し、飛行をやめて翼をたためば自動的に翼の羽毛が重なり合って蓋をする仕掛けだ。なかなかよくできている。

だいたいにおいて、高性能なマシンは発熱量が大きく、かつ運転条件も厳しいので、手間がかかるものと相場が決まっている。それは飛行機のエンジンも同じだ。

かつて、シュナイダーカップという水上飛行機による速度競技大会があった。当時は水上飛行機の方が陸上機よりも高速にできたのである。当然、ありきたりな機体ではない。中でも、イタリアチームの最終兵器、マッキMC72という機体は、ここまでやれば天晴れとしか言いようのない、スーパーマシンになった。長い機首にはV型12気筒エンジンを2基連結したフィアットAS－6エンジンを積み、3000馬力を叩き出す化け物である。排気量は50リッター、軽自動車76台ぶん。その発熱も半端ではないが、ラジエーターを突き出して抵抗が増えることを嫌い、熱交換器を機体表面に埋め込んでしまった。翼の表面やフロートの一部などが放熱部になっているのだ。必要ならさらに胴体の一部もラジエーターにできる。これなら時速６８０キロも軽い、と期待されたマッキＭＣ72だが、肝心の本番でエンジントラブルに見舞われ、記録なし。イギリスのスーパーマリンＳ６の優勝となり、シュナイダーカップ自体がこれで終了となって、イタリアチームの優勝は夢と消えた。[*2] ただし、納得できないイタリアはシュナイダーカップとは関係なくマッキＭＣ72をベストコンディションで飛ばし、スーパーマリンの記録を上回る時速７０９・２０９キロを達成する。水上飛行機による世界記録として、今も破られていない。[*3]

ぎりぎりまでチューニングしたピーキーなエンジンを積み、猛然と発熱しては必死に熱を逃がして飛ぶマッキの姿を想像すると、なんだか鳥のようだとも思い、いやいや、鳥は飛行機よりだいぶ優雅だ、とも思うのだ。

最後に、保温とも飛行ともディスプレイとも違う、羽毛の役割を一つ挙げておこう。羽毛の中には毛状羽という、一本だけぴろんと伸びているものがある。びっしり生えるのではなく、体のところどころにある。これはどうやら感覚器で、周囲の羽毛に押されることで羽の乱れを検出しているようだ。また、飛行中は風圧を感知しているとも考えられている。

飛行の際、翼周りの気流を剥離させないのは大変重要である。失速ぎりぎりのタイミングを探りながら速度を落とすような場合、気流が乱れた瞬間に「やばい！」と角度を変えなければ、完全に失速して墜落の恐れがある。そのような、エアデータ・センサーがあち

＊2 大戦間の不況時代のこと、あまりにも費用がかさむエアレースからは次々にチームが撤退していた。最後まで残っていたのはイタリアとイギリスだけだった。片やモテたい一心で、片や国王陛下のジョンブル魂で、最後までやせ我慢を続けたに違いない。ところがこのレースのルールは「2回続けて優勝したら優勝カップは永久にそのチームのもの」となっていた。1931年にスーパーマリンが勝って、イギリスが永久保有にリーチをかける。そして翌年、イタリア機のエンジン故障によって優勝が決まったイギリスが堂々と、ルールに則って、トロフィーの永久保有を宣言。ここにシュナイダーカップの終了とイギリスの勝ち逃げが決まった。イタリア人がムキになるのも当然である。

＊3 この時代、水面さえあればいくらでも長距離を滑走できる水上飛行機は高速に有利だった。同時期の陸上機の速度記録が560キロ程度だったのだから、その差は歴然である。この後、フラップなどの高揚力装置が発達したために水上飛行機でなくても速度を上げられるようになり、わずか8年後の1938年にはドイツのハインケルHe100が時速746・606キロを達成（註4）。速度記録としてはこの時点で抜かれている。それでも水上飛行機としての記録が保たれているのは、以後だれも水上飛行機で記録に挑もうなんて考えなかったから、という理由である。

こちになければ、空中でバランスを保つのは難しいはずだ。現代の航空機にはスティックシェイカーという警報装置が取り付けられており、失速が始まっているのをセンサーが感知するとわざと操縦桿を振動させ、「失速きます！」と知らせるようになっている。

飛行機を設計する時、スケールダウンした模型を作り、風洞実験を行う。この時、模型には風になびくように糸がたくさん取り付けてあり、機体周りの空気の流れを可視化している。鳥の場合、糸の動きを見るのではなく、皮膚感覚としてダイレクトに感じているのだろう。これも、鳥があやまたず飛び回るための仕組みの一つである。

*4 ハインケルはドイツ空軍新型戦闘機のコンペに自社の機体を出すも、より高速で生産性の高いバイエルン航空機（後のメッサーシュミット）のBf109に負ける。これに納得いかないハインケルは「速けりゃ文句ないんだな?」とばかりに新たな試作機He100を勝手に作り、Bf109より圧倒的に速いところを見せつけた。……のだが、すでにBf109に決定していたドイツ空軍にとっては邪魔なだけ（註5）。試作分をお情けで買い上げた後、Bf109の特別仕様、とは名ばかりで全く新規設計のBf109Rを作らせて時速755・13キロを記録（註6）。さらに「勝手に速度競走をすることはまかりならぬ」と釘を刺し、「我がドイツの主力戦闘機の速度はァア、世界一ィィィ!!」を宣言して終了した。

*5 それ以外にもHe100は着陸速度が高い、操縦性が悪い、整備性も悪い、主翼の表面を冷却器に利用、と軍用機にあるまじき特徴がいくつもあった。特に翼面冷却は一発でも弾丸が当たると冷却液が流出するわけで、被弾上等な戦闘機には致命的である。速度より先に考えることあるやろ、としか言いようがない。

*6 飛行速度の公式記録は飛行高度が定められており、高度75メートル以内となっている。高空だと空気が薄いので抵抗が減り、速度が上がるからだ（空気が薄いとエンジンにとっても苦しくなるが、過給機を積めば対処できる）。た・だ・し、この高度は対地高度であって、海抜高度とは書いていない。Bf109Rは確かに規定通りに飛んだが、その場所は標高450メートル。対してHe100は標高50メートルほどのところで飛んでいる。本気になったドイツさんの~~腹黒さ~~賢さをナメてはいけない。

CHAPTER

4 鳥と新幹線

新幹線を下支えするマニア魂

新幹線には、正月に実家に帰省する時、いつもお世話になっている。東京から京都まで2時間半という速度は大変魅力的である。まあ、出張ならもっとのんびりと一泊で行きたいと思うこともあるが、手早く済ませようと思えば済ませられる、というのは素晴らしい。また、東京駅から東海道新幹線に乗ろうとするたびに改めて驚くのが、その発車間隔だ。あの超高速列車が、数分おきに出てゆくのである。

JRの英語アナウンスはスーパーエクスプレス。英語ではブレット・トレイン（弾丸列車）とも言われるが、もはやシンカンセンで十分通じる。ホームに立っていると、大喜びで動画を撮影している海外からの観光客を見かけることも多く、投稿サイトにも「新幹線乗ってみた」のような動画がたくさんある。知り合いのナイジェリア人も「一度乗ってみたい」

と熱望しているが、運賃が高いとこぼすので、横浜まで新幹線で行って中華料理食って帰ってきたら？　とオススメしておいた。

新幹線の営業運転速度は当初、時速210キロだった。今や300キロ運転だが、その気になればもっと出せるらしい。金属メーカーに勤めていたある知人が、ちょうどテレビで流れたフランスのTGVのニュースを見ながら「新幹線を作った時に車台はウチで試験しましてね、400キロまで大丈夫なはずですがねえ」と言っていたことがある。それくらいの安全係数を取らないと危険だ、という判断だろうが、丁寧な仕事が物づくりを支えていたのだと実感した。

新幹線に乗ると、その静粛性にも驚く。いや、驚くのは「騒音がある」と気づかないからなのだ。デッキで電話に出ると妙に会話しづらいのに気づいて、その理由が「ゴーッ」という背景音だとわかるのだが、そうでなければわからないレベルだ。人家近くを走ることが多い日本の新幹線の騒音基準はとても厳しいのである。

時速300キロを達成するには様々な流体力学的工夫があるはずだが、突出部を作らないというのが基本のキ。気流の中に邪魔者が突き出していると、これにぶつかった空気の流れが乱れる。これが空気抵抗と騒音の元だ。「フラッシュ・サーフェイス」といわれる、表面をなるべくツライチにして出っ張りをなくす方法は自動車にも取り入れられて久しい。窓を閉めて走行中の車は無駄な抵抗が少ない状態だが、窓を開けると外からの音が入って来るだけでなく、風が吹き込んで騒音が発生する。当然、この時に気流が乱れて抵抗も増えているはずだ。(ちょっと危険だが)窓から指を出してみると、指に当たる空気の流れがもっとよくわかる。

もっとも車の「流線型」などはいろいろ妥協しているらしい。私の高校の後輩にとにかく変わった男がいて、飛行機が好きすぎて大学で航空工学を学んだものの、結局、自動車メーカーに就職した。「本当はジェット機に乗りたかったが、自衛隊はちょっとキツいので」が理由だそうである。「民間航空もあるだろう」と言うと怪訝な顔をしてから、「ああ!僕、超音速が出せないとジェット機とは認めないんで」と笑った。おそらく、彼が思い描いているのはジェット「戦闘機」だけだったに違いない。まあ、当時からホンダ・インテグラを振り回していたから、自動車関係も彼の天職ではあったろう。

かくして自動車エンジニアになった彼いわく、本当に空気抵抗を減らすなら、前後に長いカウリングを突き出して整流したいのだそうである。「でもそれだと全長7メートルになっちゃいますからねえ、だったらむしろ、後ろはバッサリ切り落として、ウイングで散らすとかですかねー」と専門用語を交えながら解説してくれたことがあった。また、車は当然、車内容積やら横風耐性やら、空気抵抗以外にも考えることがいろいろある。彼の会社が発売した箱型がモチーフの軽自動車も、「本当はもっと真四角だったんだが、絶対横風で倒れる」とのことで、多少は絞ったり丸めたりしたそうである。

なんにせよ、彼がエンジン部門に就職してから、その会社のスポーツモデルが完全等長排気マニホールドを積んだりして、妙にマニアックになった気がする。その後、F1チームに移って空力設計をやっていたはずだが、その会社は最近、小型ビジネスジェット機まで作ってしまった。ヤツの仕業ではあるまいか。ビジネスジェットのオプションにアフターバーナーとか火器管制装置とかサイドワインダー・ミサイルとかが入っていないことを祈るばかりだ。

繊細な騒音対策の元ネタは……

さて、自動車より高速で走り続ける新幹線は、当然、自動車以上に空力にこだわるはずだ。それなのに、パッと見には納得いかない部分がある。500系新幹線のパンタグラフだ。

500系のパンタグラフ支柱は板状で、翼断面形状をしている。丸棒だと抵抗が大きいから流線型にしたわけだ。ところが、ここまでやっておきながら、肝心の表面に妙な出っ張りがある。>型の突起が向かい合わせに並んでいるのだ。画竜点睛を欠くどころではない。まっさきに削り落とすべきもののように見える。だが、これはきちんと設計された上で付けられた構造であり、騒音を減らすための工夫である。

この出っ張りは第1章で紹介したボルテックス・ジェネレーターそのものだ。目的は飛行機と同じく、渦流を作って気流の剥離を防ぐためである。大きく気流が乱れて乱流を作ると大きな抵抗を生む。また、圧力が急激に変動するので、騒音の原因にもなる。というわけで、この出っ張りは有害な抵抗と「バババッ」という騒音を生むことを防いでいる。これによってパンタグラフの風切り音を減らし、時速300キロで突っ走っても騒音基準を満たせるようにしたのである。

さて、このボルテックス・ジェネレーターだが、元ネタは実は鳥である。考案したJR西日本の仲津英治氏が鳥好きで、フクロウの羽をモデルにしたからだ。

フクロウの翼の羽毛にはちょっとした秘密がある。翼の初列風切羽の前の方、つまり飛んでいる時に風が直撃するあたりに生えている羽毛は、前縁にセレーションと呼ばれる凹凸があるのだ。ノコギリの刃のようにギザギザだったり、硬い毛のようなものが生えていたりと形は様々だが、とにかくまっすぐではない。もちろん、他の鳥にこんな奇妙な構造はない。風切羽の外弁といえばまさに風を受ける部分で、硬くてビシッとまっすぐだ。

でまあ、もうおわかりかと思うが、このフクロウの羽の前縁のセレーションがやはりボルテックス・ジェネレーターとして機能しており、羽音を消すのに役立っていると考えられている。これを確認するために、フクロウの剥製を使った風洞実験まで行ったとのこと。[*1]

では、フクロウは羽音を消して何が嬉しいのか？

フクロウの最大の特徴は、夜間に狩をする鳥、ということだ。その能力を支えるものは二つある。

一つは、視力。フクロウの目は大きく、より多くの光を取り込むことができる。つまり大口径の双眼鏡と同じで、集光力が高いのだ。また、網膜の視細胞に桿体細胞が多い。網膜には桿体細胞と円錐細胞という二種類の視細胞があるが、桿体細胞は暗くても反応する細胞だ。ただし、色がわからない。円錐細胞は強い光がないと作動しないが、色がわかる。フクロウは色を見る能力をある程度犠牲にして、暗視能力を選んだのである。

そして、もう一つが、耳だ。フクロウといえど

500系新幹線のパンタグラフ

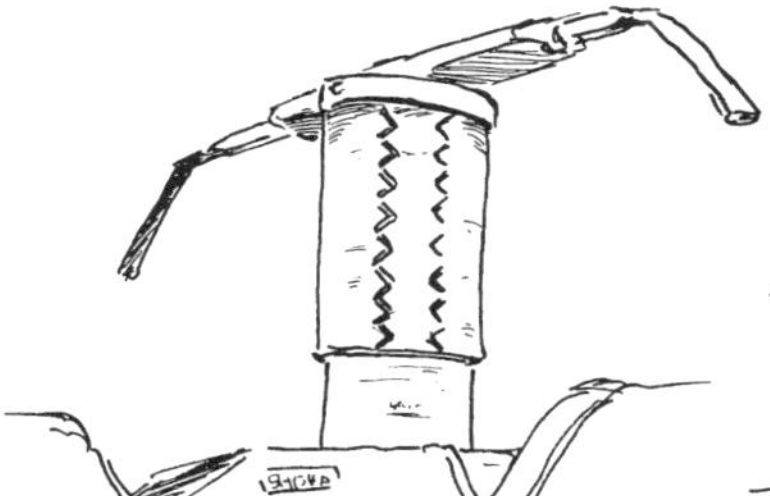

ボルテックス・ジェネレーターの効果

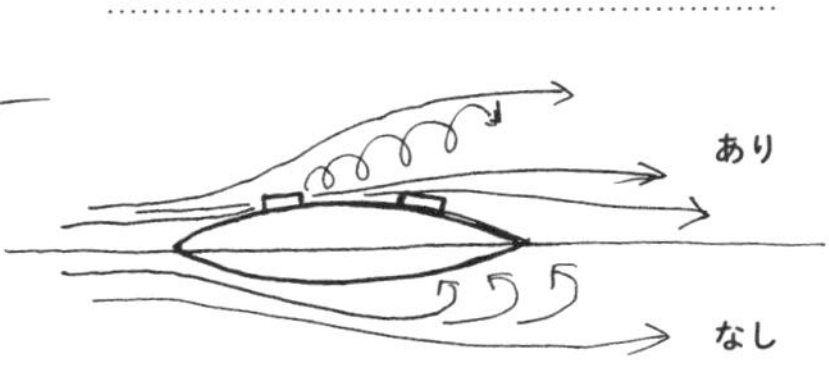

も集光力は人間の数倍程度で、あまりに暗いと獲物が見えない。だが、そんな場合でも獲物の立てる微かな音だけを頼りに相手を探知することができる。のみならず、音だけを頼りに、相手の位置を割り出す。R・B・ペインの研究によると、メンフクロウの場合、その誤差わずか1度。人間でも水平方向ならその程度の精度を出せるというが、メンフクロウの恐ろしいところは上下方向もやはり1度程度の精度で探知できることだ。人間はどう頑張っても数倍の誤差を出してしまう。仮に5メートル先を狙うなら、メンフクロウは10センチ以内のズレで相手の居場所を絞り込んでいることになる。*2

音が頼りのハンターにとって、自分が音を立てるのは厳禁のはずだ。飛び始めたら自分の騒音が邪魔で相手の音が聞こえません、では困るだろう。物音のせいで獲物に気づかれて逃げられました、も話にならない。鳥が飛ぶくらい大した音ではないと思われるかもしれないが、鳥の飛翔音は意外と大きい。カラスでさえ、急降下してくれば「シュオオオオッ」と音を立てるし、羽ばたいていると「ヒュンヒュンヒュン!」という風を切る音が出る。だが、フクロウは、こういった音をほぼ消してしまう。

実際、フクロウの飛行は全くの無音である。間近に見たことが何度かあるが、どれも大げさに羽ばたいて飛び出して来るくせに何の音もなく、なんだか夢を見ているような奇妙な気分だった。

ただし、この構造は全てのフクロウが持っているわけではない。私が知る限り、シマフクロウには消音構造がない。

シマフクロウの仲間にない、というわけではない。近縁なワシミミズクには立派なギザギザ、どころか櫛のようにトゲトゲが並んだ構造があるからだ。大きいからというわけでもない。ワシミミズクはほぼ同じ大きさだ。ふた回りほど小さいフクロウやトラフズク、手のひらサイズのコノハズクにも、やはりギザギザがある。

ここで「なんで音を消したかったか」を思い出そう。「暗いから音が重要」というのがキー

＊1 もう一つ、フクロウ類の風切羽の表面には柔らかい毛が密生している。これもなんとなく、音を消していそうな気がする。

＊2 上下方向の探知能力が優れている理由として、フクロウの左右の耳孔が同じ高さにない、という説明がされることがある。だが、あれは全てのフクロウでずれているわけではない。音源探知の研究に使われたのはメンフクロウだが、そのメンフクロウの頭骨では、確かに大きくずれている。だが、他のフクロウの骨を見る限り、ワシミミズクもアオバズクもフクロウも、極端なずれはない（見てわかるようなズレがそもそもない場合さえある）。
ただし、耳孔の角度がちょっと違ったりすることは多い。これと耳の周囲に生えたフラップと呼ばれる羽毛の開閉によって集音性能を上げ、測定精度を確保しているようだ。
そもそも人間だって左右の耳孔の高さに差はないが、音源の垂直方向の位置は判断できる。これは肩あたりからの反射を利用したり、無意識に頭を動かして探ったりしたりしているらしい。

ポイントだった。シマフクロウは夜行性か？　イエス。彼らは夜間に餌を狙う。ではその狩りに音が重要か？　答えはおそらく、ノーだ。

シマフクロウの餌は魚である。相手は水中にいるので、さして音を立てない。おそらく、音よりも魚の姿、あるいは浅瀬にいる魚が立てる波の方が、シマフクロウにとっては重要ではないか。それなら目で見て探した方がたぶん早い。

そして、シマフクロウが空中で音を立てたとしても、水中の魚にはよく聞こえない。空気と水では密度が大きく違うから、空中を伝わってきた音は水面で反射されるか吸収されてしまい、水中にはあまり届かないからだ。たかが鳥の羽音程度ではほぼ聞こえないはずだ。

となると、シマフクロウが羽音を消す理由は、ないのである。一方、ワシミミズクは地上の哺乳類や鳥を食べているから、音を消す理由がある。形や大きさが似ていても、餌が違えば要求される性能は違ってくるのである。

だが、必要がないとしても、別に羽音を消してもいいのでは？　他のフクロウはそれぞれギザギザを進化させたのか、それともシマフクロウのご先祖が持っていたギザギザがなくなったのかはわからないが、別にギザギザしててもよくない？

たぶん、よくないのだろう。他の鳥が消音装置を持っていないことを考えても、音を消すのと引き換えに何か失うものがあるんじゃないのかと疑うことができる。特に、同じ捕食者であるタカの仲間にはこんな構造がないというのも気になる。もちろん、たまたまタカにはこういう構造が進化しなかったということもあり得るだろうが、「こんなものが付いてたら邪魔だから、たとえ変異によってセレーションが生じても速攻で淘汰されてきた」という可能性は考えるべきだろう。

第一、飛行機だって翼の前縁付近にはなるべくリベットを打たないようにしているくらいで、本来なら気流の邪魔をするものは何一つ置きたくない場所だ。そこに妙なモンをくっつけて、何事もないとは考えにくい（ボルテックス・ジェネレーターは効率の低下を承知の上で、より致命的な失速を防ぐために付けている）。派手な消音装置は、どの程度かはわからないが、飛行能力と引き換えではないだろうか。

実際、フクロウが飛び出した瞬間はひどく安定が悪く、速度の乗りもよくない。野外で何度か見たことがあるが、大げさに羽ばたいているのに、今ひとつ安定して進んでいないように見えるのである。ある程度速度に乗るとスーッと飛べるのだが。あれを見ていると、バサバサという羽音を消すために羽ばたき効率が落ちているのではないか？　という疑いが湧く。*3

もっとも、フクロウの仲間には結構な長距離を飛ぶものもいる。コノハズクやアオバズクは夏鳥で、東南アジアと日本を行き来している。コミミズクは冬鳥、トラフズクも北日本では繁殖するが、関東以南では冬鳥だ。それを考えるとフクロウ類は少なくとも長距離を飛ぶのが下手だとは言えない。

また、アオバズクやコノハズクといった、主に昆虫を食べているフクロウにもギザギザがある。昆虫が鳥の羽音を聞いて逃げるという観察はまだない。そして、アオバズクは特に空中で昆虫を捕らえることも多いのだが、それでもギザギザがある。となると、アオバズクにとってギザギザ程度は飛行の邪魔にならないのか？　それとも、邪魔になったとしても音を消したい大事な理由がある？

シマフクロウの時は納得いったが、アオバズクについては、なんだかスッキリしない。フクロウの風切羽の秘密も、一筋縄ではいかないようだ。

もう一つ、フクロウは夜間行動するのに聴覚が重要だから、と書いたが、昼間行動するフクロウもいる。シロフクロウは昼間でも活動しているのだ。というのも、彼らは北極圏まで分布するので、季節によっては夜が極めて短いからだ。「明るい間はお休みです」なんて言ってたら活動できる時間がなくなってしまう。

だが、それでもシロフクロウには立派なギザギザがある。つまり消音機能を備えている。もちろん、昼間「も」活動すると言っているだけで、昼間しか活動しないとは言っていない。高緯度地域では冬になると逆に夜が長くなるわけで、となると音を頼りに餌を探知する機能だって大事かもしれない。シロフクロウといえども冬になると南下するので、完全に極夜のような暗闇で暮らすわけではないだろうが。

500系の鳥由来デザインその2

500系新幹線はもう一つ、鳥の構造を真似た部分がある。あの長いノーズだ。山がちな日本を走る新幹線はトンネルだらけである。だが、新幹線がトンネルを走り抜

*3　ステルス戦闘機（レーダーに映りにくい）にも、同じ悩みがあった。世界初の実用ステルス機、F-117はポリゴンで組み立てたようで、とにかく平面的でカクカクしており、飛行性能はあまりよろしくない。直線と平面でできているのは、電波の反射方向を局限して、レーダーアンテナに反射を返さないため。つまり、ステルスという特殊な性能のために飛行性能を犠牲にしたわけだ。
もっとも、絶対飛ぶわけがなさそうな見た目よりは、ちゃんと飛ぶらしい。現在は設計段階での計算能力が上がったので、もっとまともな形でもステルス性を持たせることができる。

ける時に、出口側で「トンネルドン」と言われる騒音が発生する。

この音の正体はトンネル微気圧波と言われるものだ。狭くて長いトンネルに高速で列車が突入すると、トンネル内の空気が押される。しかしトンネルの中なので周囲には逃げられない。前に抜けようにも、トンネルが長くて空気が詰まっている。その結果、トンネル内の空気が圧縮される。圧縮波は音速で先に進み、トンネル出口で拡散して気圧を変動させながら周囲に広がる。

列車の方も突入した瞬間に「ドン！」と押し縮められるような衝撃を感じるし、気圧の変動で窓を叩かれたりするが、トンネル出口側の周辺もえらい目にあう。この音は数百メートル離れた民家から苦情が出るほどのもので、列車が出て来るより先にやって来て、「ドン！」という音とともに腹を押されるような不快感を伴うそうである。

では、これを減らすにはどうするか。そのために考えられた一つの方法が、トンネル入り口から数十メートルを壁で覆い、そこにいくつも窓をつけて、発生した圧縮波を窓から逃がす方法だ。これで圧縮波を散らしてしまえば出口の「ドン」は確かに小さくなる。だが、この方法は工期が伸びるし費用もかさむ。

そもそも論として、入り口で発生する圧力波を減らしてしまえば、当然、出口で起こる気圧変動も小さくなる。ならば、なるべくスムーズにトンネルに突入できる形がいいはずだ、ということになる。

　ここで仲津氏が考えたのは、「カワセミは水面に飛び込む時にほとんど水しぶきを上げない」ということだったそうである。水しぶきを上げないということは、水面に大きな変動を与えないでスムーズに突入している、ということだ。そこでカワセミの嘴をヒントに研究を進め、「一定の比率で断面積が増える形状が、最も圧力変動を小さくする」という結論に至った。円錐形ではなく細長い放物線回転体のような形、つまりはカワセミの嘴そっくりになったのである。これが、最近の新幹線が長く伸びたノーズを持っている理由である。現在試験中の先頭車両は車両のほとんどが細くなる部分で、人が乗る部分が極めて小さい（既存の車両に長いノーズを付け足すと、カーブではみ出す危険もあるし、第一行き止まりである終着駅のホー

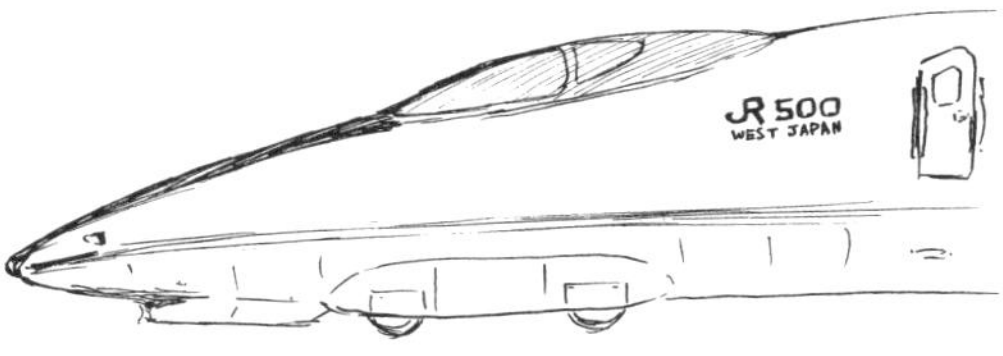

500系新幹線のノーズ

カワセミの嘴

ムに収まりきらないからだ)。

ちなみにカワセミの嘴はやはり「面積の増加率がほぼ一定」を満たしているそうだが、断面形は新幹線とは違い、上下左右に稜の立った十字形に近い。おそらく、リブを立てることで折り曲げに対して強度を増しているのだろう。

リブを立てるというと何かわからないかもしれないが、お手元に紙が1枚あれば試せる。まず、紙をテープ状に切ってほしい。これを折り曲げるのは全く造作もないはずだ。

次に、同じ形の紙を、縦に折り曲げて、断面がL字型になるようにしてほしい。これを曲げるには、さっきより力がいるはずだ。L字を押しつぶして平面にしないと曲がらないからである。この、縦横を組み合わせると強くなりますよ、というのが「リブを立てる」という理屈である。

これはカワセミに限らず、サギの嘴も同じである。また、上嘴の側面は目玉の延長線上でもあるので、くぼんでいる方が視野の妨げにならない。いいことづくめである。新幹線の場合は内部に人を乗せるスペースを確保しなくてはいけないから、内側に窪ませるようなデザインにはできない。ここは新幹線の列車としての機能と両立させるのが難しかったと思う。

なお、全く同じ構造を持った「なるべく抵抗を減らし、かつ強度を上げたい」モノには、ちょっと怖い例もある。それは18－19世紀に使われたスパイク型銃剣だ。マスケット銃の先に取り付け、槍代わりに刺突することを目的にしているので、刺さりやすいように断面積をなるべく小さくし、かつ強度を持たせるため、十文字型の断面にしたものがある。いってみれば、カワセミやサギの嘴の究極の形だ。

カワセミが水しぶきを上げずに突入できるということには、いくつかメリットがあるはずだ。まず、突入した時に速度が落ちない。カワセミは水中ではほぼ推進力を持たないから、水中の魚に到達するのは、とにかく飛び込んだ時の速度が頼りである。その速度を殺さずに突入できるのは極めて有利だろう。

次に、自分自身にとっても負担が小さいこと。新幹線の運転士はトンネルに入ると「列車が縮むように感じる」と表現したそうである。空気の圧縮で抵抗が増え、おそらく実際に連結器部分が縮んだりもしているのだろう。鳥にとっても、餌を取るたびに嘴や頭に強烈な衝撃がかかるのは嬉しくないに違いない。鳥は飛ぶために徹底して軽量化しているから、そんなに頑丈な生き物ではないのだ。

中にはキツツキのように毎秒10回という速度で木を叩くものもいるが、あれはちょっと特殊だ。毎秒10回、1分あたり600回というと、機関銃の連射速度並みだ（ランボーが撃ちまくっていたM60の連射速度がそれくらい)。そんな高速ヘッドバンギングを繰り返し、かつ一回ごとに嘴を立木に叩きつけるというのは、考えただけでも脳震盪を起こしそうである。悪魔ならともかく、人間なら首振りだけでもムチウチを起こしかねない。

ちなみにキツツキは脳を包む膜が頑丈で脳を保護しているとされているのだが、詳しく調べると細胞の損傷を示すタンパク質マーカーがよく木を叩く種では増えており、脳にダメージが行っている疑いがある。もちろん保護機能が役に立っていないのではなく、「この程度で済んでいるのは保護機能のおかげ」なのだろうが、脳をすり減らしながらの採餌というのも恐ろしい話ではある。

カワセミも比較的、頭から突っ込む衝撃には耐えられる方だろう。なにせ彼らは崖に突進して穴を開け、そこを巣穴にするからである(突撃は最初だけで、あとは地道に掘りすすめるので念のため)。窓に当たって首を折って死ぬ鳥は後を絶たないが、自ら崖に突撃する果敢な鳥は、おそらくカワセミくらいだ。よく生きてられるな、お前。

水面から水中へ突入するのは、決して簡単なことではない。映画なんかで、海に飛び込んだ主人公を狙って悪役が銃を撃ちまくっているシーンをご覧になったことはあるだろうか?　大抵の場合、必死に潜って逃げる主人公の周りを際どくかすめる、白い泡の尾を引いた銃弾が描写されているだろう。

だが、銃弾は水中では急激に威力を失う。水中で殺傷力をもつのは2、3メートル程度だそうである。理由は二つある。一つは水という極端に密度の高い面に突き刺さる時、大きな波を起こして運動エネルギーを無駄に消費すること。もう一つは、そうやって潜り込んだ水中では抵抗が大きく、急激に速度を失うことである。水面に突き刺さる瞬間の衝撃は非常に大きいため、小口径・高速のライフル弾なら水面で砕け散ってしまうことさえある。

水面から水中を狙うというと、カジキなどの突きん棒漁に使う銛《もり》だ。ああいう重くて細長いモノがいいのである。ちょっと小難しい話になるが、細長い飛翔体は同じ重さでも断面密度、つまり単位断面積あたりの重量が大きい。言い換えれば狭い範囲に重さが集中する、ということだ。

相手が水であれ装甲板であれ、断面密度が大きい方が貫通しやすくなる。よって、水面を貫通する銛も、装甲を撃ち抜く徹甲弾も、細長い形になる。簡単に言うなら、細長い棒を槍のように構えて投げれば砂に突き刺さるが、横倒しに投げつけても刺さらない、というそれだけのことである。

極端な例だが、現代の戦車が発射するＡＰＦＳＤＳ（有翼装弾筒付き徹甲弾、Armor-

Piercing Fin-Stabilized Discarding Sabot）は、大砲の口径は１２０ミリもあるのに、飛んで行く侵徹体の直径は30ミリほどしかない。直径と長さの比（L／D比）は20から30にもおよぶ、つまり長さが直径の30倍もある、まさに銛のような形状である。秒速１６００メートルもの速度で発射されるＡＰＦＳＤＳは、実に厚さ50センチから１００センチの圧延鋼板を貫通する威力があるという。[*4]

世の中には何に使うかあまり考えたくない水中拳銃や水中自動小銃というものまであり、[*5]水中目標への射撃も、あるいは水中から水上への射撃もできるのだが、これも銛のように細長い特殊な弾丸を発射するようになっている。そういう意味でも、カワセミの細長い嘴と細い頭は、水に飛び込むのに適しているのだろう。

＊4　ＡＰＦＳＤＳの場合、高速で衝突した侵徹体と装甲板がユゴニオ弾性限界を超えて流動化し、お互いに侵食しあうことで侵徹体も削られながら装甲に穴を開ける。ちょっと何を言ってるかわからないと思うが、「なまらすげー速度域だと硬い金属でも変な挙動をする」と思っておいてほしい。

＊5　特殊部隊による水際潜入作戦などを考えていたようである。判明しているだけでドイツ、アメリカ、ソ連が作っている。ただし水中自動小銃まで作ったのはソ連／ロシアだけ。水中拳銃と銘打っていなくても、アメリカの海軍特殊部隊が装備したグロック自動拳銃は水から上がった瞬間でも、なんなら浅い水中からでさえ発射できる仕様との噂。

PART 2

鳥 × メカニズム

鳥の体と行動学

CHAPTER

5 鳥とナビゲーション

どうやって方向を定めるか

ナビゲーション、というと何やら堅苦しいが、つまりは「道案内」である。今やスマホを出して地図を表示してナビモードにすれば「今ココ」「目的地はココ」と地図上に表示されるから、それを見ながら歩けばいい。車に付いているカーナビなら「この先、右折車線があります」なんて音声ガイドもしてくれる。

だが待ってほしい。もしこれを読んでいる方がある程度の年齢なら、そんな便利なものなどなかった時代をご存知のはずだ。かつては助手席でロードマップを広げてああでもない、こうでもないと道順を考え込むものだった。ちなみに時速60キロで走っていると、1分でちょうど1キロ進むので到着予定時刻を読むのが楽である。あと、双眼鏡があると遠くの看板を読むのに便利だ。

このように道路上であっても迷いがちな人間だが、もし、何の目印もなく道さえないところに放り出されたら、どうなるだろう? ３６０度どちらに向かってもいい。ただし、どれが正しい方向かはわからない。全くの自由ではあるが、フリーダムすぎて、それはそれで始末が悪い。

世界と自分との位置関係を知るのに、最も簡単な方法は景色を見ることだ。なにか目印になる地形、すなわちランドマークがあれば、方向を知る手がかりになる。例えば、私が育った奈良市内だと、春日山が見える方向が東、奈良県と大阪府の境目である生駒山が見える方向が西だった。これがどれほど無意識下に叩き込まれているか、一例をお話しよう。

中学3年の時、友人と模擬試験を受けに行った。会場は東大阪の高校だったので、電車に乗って、トンネルで生駒山を潜った先の駅まで行った。行き先は駅を降りて南に徒歩10分ほど。駅を降りた途端、友人が自信満々に「こっちだ」と言うので、素直に付いていった。確かに学生服の集団がそっちに向かっているので、学校があるに違いない。かくして10分ほど歩くと高校があり、模擬試験会場という看板も出ている。友達は「どうだ見たか!」と言わんばかりに校門をくぐろうとした。私はふと気になって、受験票を出して看板と見比べた。

「なあ、模試の名前、違うぞ」

「え？」

それは、行きたいところとは真逆の方向にある別の高校で、しかも同じ日に別の予備校がそこで模擬試験をやっていたのである。友人は慌てて周囲を見回し、「そんなはずはない！　ちゃんと南に来た」と言い張った。

「なんで？」

「生駒山が見えたから、あっちが西」

「ここ大阪やぞ。生駒山が見えるのは東！」

二人で必死に走って、なんとか模試には間に合った。

地図の発展と長距離航海

さて、こういうドジは起こるにしても、生活圏がそれほど広くなければ、ランドマークを覚えておけばそれなりに暮らせるだろう。子供の描く「近所の地図」みたいなもので、東西南北が合っていなかったり、縮尺がよくわからなかったり、詳しく知っているところと全然知らないところが混在していたりはするが、とにかくそれでマップとしては役立つ。

実際、動物はランドマークを利用している。ジガバチの仲間は地面に穴を掘り、その中に麻酔した獲物を入れて卵を産み付け、穴を塞ぐ。この時、穴を掘ってから獲物を探しに行くので、穴の場所を覚えておかなくてはならない。ジガバチはどうやら、巣穴の直近にある枝や石などを目印として覚えているらしい。意地悪をして目印をずらしておくと、これに騙されるからである。また、縄張り性のカリバチの仲間は、目立ったランドマークを縄張り境界にすることがわかっている。面白いのは、人間が棒などを置いてやると、たとえ縄張りが少し狭くなったとしても、その「明快な国境線」を受け入れることだ。境界線をめぐる不毛な争いにエネルギーを費やすより、多少狭くなっても縄張りで餌探しに専念できる方がいいらしい。

だが、さらに広い範囲を移動するとなると、どうだろう。あまりに遠いランドマークは見えないし、移動するうちに見える方角がどんどん変わってしまうのも困りものだ。

人間がこういう問題に直面したのは、長距離を航海するようになってからである。外洋航行に耐える本格的な船を作ったのはバイキングあたりからのようだが、彼らはそれでも、基本的に沿岸しか移動しなかった。常に陸地を見ながら移動していれば、大海原の真ん中で迷子になることはない。もし陸地から離れてしまった場合は、鳥を飛ばしたようだ。カラスやハトなど、陸生の鳥を船から放つと、陸地が見えればそちらに向かって飛ぶという。何も見えなければぐるぐる回って、しまいにはまた船に降りてくる。旧約聖書のノアの箱舟のくだりで、ノア一行は大洪水の後、陸地が現れたかどうかを知るためにハトを飛ばすが、これはおそらく、その当時の常識だったからだ。

もっともバイキングはノルウェーからはるばるアイスランドに到達しているし、さらに北米大陸まで達した。だから、絶対に大海を横切らない、ということはない。さぞかし苦労したとは思うが。ちなみにアイスランドを発見したバイキングは「ワタリガラスのフローキ」という二つ名を持ち、カラスに導かれてアイスランドを発見したと伝えられている。

だが、この方法も、島影すら見えない海の真ん中では無意味だ。こういう場合は天測航法の出番である。

天測航法とは、太陽、あるいは星を見て方角を決める方法だ。日の出をみれば大雑把に「あっちが東」とわかるし、日没なら西である。より正確に知るなら、太陽が最も高く上がった時、すなわち南中時刻に太陽がいる方角が南である。

北半球の夜なら北極星を見つければいい。北極星はほぼ真北方向にあって、つまりは地球の回転軸方向なので、天空の中で動かない。ただし、南半球にはそういう都合のいい星がないため、星の位置関係を見定めて確認するよりないだろう。

こうして長らく天空を見上げながら旅してきた人間だが、ルネッサンス期に革命が訪れる。羅針盤、すなわち地磁気を利用した磁気コンパスの発明である。もちろん、それまでも太陽や星空を手掛かりに方角を知ることはできたわけだが、太陽は時間とともに動いてしまうので、それを補正しなければならない。ところが、人間が信頼できる時計を発明するのはまだ先のことである。地面に棒を立てておいて気長に太陽の影の長さを計り続ければ、その影が一番短くなった瞬間に太陽がいる方角が南だが、道に迷った時に気楽に確かめるというわけにはいかない。しかも太陽が出ていないと使えない。

さて、磁気コンパスによって人間は方角を知ることができるようになった。しかし、方角を知ることと「ここは地球上のどの一点か」を知ることは、少し違う。現在位置を知るには、方角に加えて「距離」という概念が入ってくるからである。

距離を知るのも、簡単ではない。距離を測るには速度を知る必要があるが、昔の船が速度を計測しようとすると、一定の長さごとに結び目をつけたロープを流し、「1時間で結び目3個」とでも数えるしかなかった。ちなみに結び目や結び方のことをノットといい、これは今も船舶や航空機の速度の単位として使われている（1ノットは1海里／時で、時速1・852キロメートルに相当する）。

だが、こうやって速度を測ったところで、海流で流されるぶんの差し引きや、横に押し流されてずれる距離は入っていない。

結局、大航海時代の人間が考えたのは、緯度・経度という座標系を使う方法だった。このうち、緯度を知るのは比較的簡単だ。南中時刻に太陽の角度を計ればいいからである。六分儀として知られる道具が必要だが、仕組みとしては難しいものではないので、かなり古くから使われている。

問題は、経度の方だ。

残念ながら太陽の角度から経度を知ることはできない。最初は船の速度から計算していたが、これはあまりに誤差が多かった。経度は地球の自転に伴う、つまり時差の元となる概念だから、正確な経度を割り出すには、基準となる時刻と、その場所での現在時刻の差を計らなければならないのだ。

もちろん、こんなのは今なら簡単である。スマホを出して「** 現在時刻」とでも検索すれば一発だ。だが、時計だけなら?

まず、現在時刻を知る方法を考えよう。帆船で航海していた時代にはネットもなければテレビの時報もない。使えるのは「太陽が一番高いところに来た」という事実だけだ。それを午後0時と定めるとしよう。

その時、出発地点は何時か?

これを知るためには、出発地点で時刻を合わせておいた時計を、ずっと動かしておけばいい。今いるところでは正午、こっちの時計では午前3時。ということは時差9時間。経度15度につき1時間ずれるから、現在位置は出発地点から西に135度行ったところ、というわけだ。

だが、昔の機械式時計はそんなに正確ではなかった。1日に5分やそこらずれるのが当たり前だし、衝撃を与えるとすぐ止まったり進んだりした。一番正確なのは振り子時計だったが、これは揺らすと振り子の動きが変わる(ということは時刻もずれる)という欠点がある。おまけに航海中ということは常に揺れていて、時には嵐に遭うことだってあるのだ。

こういう悪条件に耐える、ゼンマイ式の航海用クロノメーター(精密時計)が作られるようになったのは、1735年以降のことである。

というわけで、昔の世界地図がずいぶんテキトーに見えるのも、無理もない話なのだ。

さて、前置きが長くなったが、陸上や水上よりもさらに自由度の高い空中を飛ぶ場合は、どうなるだろうか。サン・テグジュペリの『夜間飛行』は郵便機の事故を地上側から描いているが、この小説のように、あるいはサン・テグジュペリ本人のように、あるいはアメリカの女性飛行家アメリア・イアハートのように、飛行中に忽然と消息を絶ったパイロットは何人もいただろう。空中で迷子になる恐ろしさを描いた短編小説としては、フレデリック・フォーサイスの『シェパード』というのもある。[*1]

飛行家は人間だけではない。鳥の中にも長距離を渡るものがある。例えば、カムチャツカで繁殖するカッコウの越冬地はアフリカ南部だ。実に1万6000キロを飛ぶ。アカアシチョウゲンボウもウスリー地方で繁殖し、アフリカ南部で越冬するので、同じくらいの距離を渡る。中にはキョクアジサシのように、北極圏と南極圏を行き来する鳥までいる。定住場所がどちらも極地というのはどう考えても極端すぎる。途中で止まろうとは思わなかったのか。

さて、こんな長距離を飛ぶにあたって、鳥はどうやって方角を定めているのだろう? 基本的な方法としては、天測航法がある。渡りの時期の鳥を捕まえてケージに入れておくと、空が見える場合は特に、鳥は正しく渡るべき方向を向こうとする。覆いをかけてしまうと、定位できなくなるとは限らないが、精度が下がる。このことから、かつての船乗りと同じように太陽を見て方角を定めているのではないか、と考えられた。

これは比較的簡単に確かめられた。渡り鳥を捕獲し、緯度のずれた場所に運んだのである。鳥たちは空を見て方角を定めたが、残念ながらその方角は間違っていた。太陽は時間とともに動くから、その時の時刻に合わせて太陽の位置を補正しなくてはならない。だが、緯度がずらされてしまった鳥たちは、時差を補正できなかったのである。鳥の定位した方角は、まさに「本来いた場所で太陽を目印に方角を決めたなら」正しいものだった。つまり、鳥は時計と太陽を使って方角を見ている。

鳥の体内時計と磁気感覚

クロノメーターができるまで、我々は正確に時間を計ることができなかったと書いた。だが、鳥類は何も見なくても、かなり正確に時間を計れる。これは体内時計によるもので、詳しいメカニズムはまだわかっていないが、体内時計を司る細胞が特殊なタンパク質を生産することはわかっている。このタンパク質がほぼ1日の周期で増減を繰り返すことで、1日単位の活動パターンを生むようだ。だが、鳥のようにもっと細かい時間、「今何時」といった感覚を生むメカニズムは、まだよくわかっていない。とにかく、鳥は太陽を見上げるだけで「今何時で、太陽があの方角にあるから、南はこっち」とわかるらしいのである。

夜間渡る鳥も多いが、この場合は星座を見て方角を決めている。これも昔の船乗り、あるいは夜間飛行する飛行士と同じだ。これを研究した実験では鳥にプラネタリウムを見せ

＊1 シェパードとは、ここでは迷子になった機体を連れ戻す誘導機を指している。表題の小説はごく短いが、霧の中を飛び去っていくデハビランド・モスキートのエンジン音が聞こえそうな名作。

て、星座の方角に合わせて向きを帰ることを確かめている。

もちろん、星座も時間とともに回転してしまうのだが、北半球ならば都合のいい星がある。北極星は地軸の延長上にあって動かないから、これが見えれば北はすぐわかる。問題は南半球だ。南半球には目印になるような適当な星がないので、どうやら星空のパターンを記憶し、前に見たパターンと見比べて回転の中心を見つけ出しているようである。そんなバカな、と思うかもしれないが、鳥のパターン認識能力をナメてはいけない。

彼らはそういう、写真のような記憶がどうやら得意なのだ。ハトの知能を調べる実験で、ハトが解けるはずのない条件でも正解してしまうことがあったという。この時、ハトは問題を考えてなんかいなかった。正解の入った箱についたわずかな汚れを記憶し、これを手掛かりにしていたのである。その証拠に、箱をきれいに拭いてから見せると正解できなかったのである。ちなみに箱の汚れはハトの粉羽のせいで、全ての箱が汚れていたから、汚れがあるかないか、という単純な比較ではない。汚れ方のパターンを見て覚えていたのだと考えられる。


それ以外にもナビゲーションの方法はある。

サケなどは生まれた川の匂いを覚えていると一般によく言われるが、もちろん、それだけで海から帰ってこられるわけではない。日本で産卵するシロザケはオホーツク海、北太平洋、ベーリング海、アラスカ沖と非常に広い範囲を回遊する。オホーツク海の沖合から、海水に混じってしまった川の匂い「だけ」を嗅ぎ当てて帰ってくるなんて芸当ができるとは思えない。彼らは鼻の辺りに磁気を帯びた粒子を持っており、これが磁気感覚に関係していると考えられている。つまり、磁気コンパスを持っているわけだ。これによってある程度沿岸まで来れば、生まれた川の匂いを辿れるだろう。

鳥にも磁気感覚があることがわかっている。ただし、これを実証するのはなかなか難しかった。まず、その感覚がどこにあるのかわからない。サケと違って、鳥では明確に地磁気を感知していそうな器官がなかなか見つからなかった。

その器官はとうとう候補が出てきたのだが、全く予想外の場所だった。鳥の視細胞だ。視細胞にある光を感じるタンパク質の中に磁気に反応するものがあり、これがモノの見え方に干渉するようである。どんな見え方をしているのかは見当もつかないが、地磁気に沿って明暗が生じるのではないか、という説はある。これが本当なら、鳥には世界を覆う、方角を示す縞模様が見えているのかもしれない。

もう一つ、地磁気を使っていることを証明する方法がある。磁気を乱してやれば方向感覚が狂うはずだ。

ところがどっこい、鳥の頭に磁石をくりつけて磁気を乱してやっても、ちゃんと飛ぶ。鳥籠に強烈な磁場をかけても、やっぱり決まった方向を向こうとする。もしくは、そもそも飛ぶのをやめてしまってデータが取れない。

その理由は、鳥のナビゲーションは様々な方法の組み合わせからなっており、一つくらい乱されても他の方法で補ってしまえるからのようだ。天測航法が使えない状態なら、鳥は磁気感覚に頼る。だが、その状態で磁気も乱されると、むしろ飛ぶのをやめてしまう。鳥にとって磁気感覚は必要なものだが、撹乱を受けやすい、微妙な感覚でもあるようだ。

ところで、人間にも磁気感覚がある、という研究がある。ロビン・ベーカーの研究によると、人間を回転椅子に座らせてぐるぐる回した後、「どっちを向いていますか、当てずっぽうでもいいから答えてみてください」と質問すると、精確ではないにせよ、偶然よりは高い確率でちゃんと向きを答えられる、というのだ。もちろん、回転の状態を記憶しているだけ、ということもあり得るのだが、ベーカーによると「回し足りないと回転感覚で補ってしまうし、回しすぎると完全にわからなくなる」のだそうで……なんか微妙な？　と思わないでもないが、実際に磁気感覚があるとしても、様々なノイズでかき消される程度の、微弱なものらしい。

この研究で非常に面白いのは、前の晩に寝ていた時の頭の方角が答えに影響する、という結果だ。南北方向に横たわった場合の方が成績が良く、最も良いのは頭を南にして寝た場合だったという。北枕は縁起が悪いというが、南枕は方向感覚を磨くらしいのである！ベーカーは、眠っている間に地磁気に合わせて体内の磁気感覚を調整しているのだろう、と推測している。正直、どこまで信じていいのか不安になるような内容だが、一応、ちゃんと査読を受けて論文として発表されている研究である。

鳥が嗅覚を使ってナビゲーションを行う例も知られている。鳥の嗅覚は未発達だと言われてきたが、最近の研究では、鳥類でも嗅覚を積極的に用いる例が見つかっている。この中でナビゲーションに匂いを使うことがわかっているのは、アホウドリやミズナギドリの仲間だ。彼らはオキアミの匂いを探知し、匂いを辿って飛ぶことができる。渡りには使えないかもしれないが、餌を探して広い海上を飛ぶには便利な機能だ。オキアミを直接食べないとしても、オキアミのいるところには魚も寄ってくるからである。

ハトも嗅覚をナビゲーションに組み込めることがわかっている。ハトを飼育している古屋の一方から常にオリーブ油の匂いが、反対側からは常にテレピン油の匂いがするようにして、方角と匂いを関連づけて覚えるように訓練した結果である。その結果自体も面白いのだが、それより注目したいのは、使った匂いの種類だ。オリーブの実を食べることはあるかもしれないし、テレピン油は松ヤニを精製して得られるものだが、だからって日常的にハトが接しているとか、ハトの生態の上で必須の匂いだとかいうことはないだろう。アホウドリとオキアミの関係とは違うのだ。してみると意外に多様な匂いが、ちゃんと識別できている可能性がある。

超至近距離のナビゲーションとして、少なくともミズナギドリは自分の巣穴の匂いを覚えているようだ。巣穴にいる親鳥を捕まえて標識した後、他の穴に戻そうとすると嫌がって中に入らない。自分の巣穴に頭を入れると、ゴソゴソと逃げ込んでいく。第3章にも書いたが、彼らのわざとらしいまでに油臭い尾脂腺の分泌物が関連するかもしれない。ごく微妙な差だろうが、自分の臭いはデフォルトになっていて気づかないのに、他人の臭いには気づく、ということは時々ある。自分の巣穴の匂いを覚えているというより、「慣れない臭いがするところは、自分の居場所ではない」といった感覚であるかもしれない。

余談だが、匂いナビゲーションは人間にも役立つ場合がある。とあるショッピングモールに友達と出かけ、車を停めて買い物した後、立体駐車場が広すぎてどこに車があるかわからなくなってしまった。区画の番号はあるが、ドライバーが見ていたものと信じ込んでいたので覚えていない。そして、当のドライバーはしばらく首をひねってから「よくわからない」と言い切った。

さて困った、と思っていた私は、トンカツの匂いに気づいた。モール内の店舗からの排気が流れてきているわけだが、問題はそこではない。この、空腹を直撃する匂いは覚えがあるのだ！　うん、植物油に混じる動物系のコクのある匂いだ。ごま油やスパイスは感じないから、天ぷらや唐揚げではなく、トンカツに違いない。車を降りた後、少し歩いたところで感じた匂いだ。車を停めたところは、トンカツではなかった。あそこは強烈なカツオ出汁《だし》の匂いだった。そして、その後はニンニクの効いた油とトマトソースとチーズ、つまり、イタリアンぽい匂いだった。かくして私は周囲をちょっと歩いてイタリアンの匂いがする方向を見つけ、次に出汁の匂いを探して、ちゃんと車を見つけたのである。

いまだに完全には決着がついていない問題として、メンタルマップの存在がある。

メンタルマップというのは、頭の中に地図を思い描くことだ。我々は紙（あるいは画面）ベースの地図というものを知っているから、図形として地図を思い描くことができる。だが、マップというのは、理解するためにそれなりに練習が必要である。知り合いのある外国人は地図が非常に苦手で、町で案内図を見ても全く理解できない。特徴のあるビルや駅名を読み取ってそこまで行き、そこで人に聞いている。私が地図を見ながら「いや、ここに道路があって、二つめの角を右に行けばいいじゃないか」と言っても「なんでわかるんだ?」とひどく不思議そうである。おそらく、自分の行動範囲でなければ人に聞く、というやり方で済んでいたので、地図を読むとか描くとかいう習慣がなかったのだろう。

つまり、タテヨコの平面で表される、直交座標を使った地図というものは、生物としては別にデフォルトでもなんでもない。私たちはそういう座標系や地図に慣れているが故に、頭の中でそういう地図を思い描くだけなのだろう。まして、地図というモノを持たない鳥は、同じように思い描くことをするのだろうか?

これを直接確かめることはできない。だが、間接的に、なんらかの「平面にポイントを配置して相対的な位置関係を理解する」という仕組みを持っている、と示されてはいる。

こう書くとなにやら小難しいが、つまりは簡単なことだ。A地点から出発してB地点を通り、方向を変えてC地点に行くのを何度も繰り返したとする。もし、頭の中にマップがあれば、3つの地点の位置関係を思い描くことができるので、A地点からC地点に直接行くこともできるようになるだろう。

ところが、通過ポイントとそのポイントからの向きしかわからなければ、「全体としてどう歩いた」という図が描けないので、何度このコースを辿ろうと、必ずB地点を通らないと到着できない。

これは我々もしばしばやることである。例えば、うろ覚えの場所に行く場合、通過地点のつながりとしては理解しているが、平面上にどう並んでいるかはわからない場合がある。私も渋谷の東急ハンズに行こうと思ったら、ハチ公前に出て、信号を渡って、〇I〇Iの方に向かって（田舎者なので、あれがなぜマルイなのかいまだに納得がいかない）、すぐ曲がってずーっと上がって行くと西武とかザラがあって、その先に中華料理屋があるから右側の道を通って行くとハンズ、はわかる。だが、そこから台湾小皿料理の「麗郷」に行こうとすると、たぶん、渋谷駅近くまで戻らないと道がわからない。カレーの「ムルギー」へ行くにも、これまたやり直しである（麗郷とムルギーの位置関係はなんとなくわかるが全体としてよくわからない）[*2]。つまり、私の頭の中には渋谷のマップがなく、任意の二点を結ぶことができないのだ。よく知っている場所なら、「こっちへ向かえばいいから、この辺で曲がれば行けるはず」と上手にショートカットして移動できる。

*2　ムルギーは残念ながら前を通っただけ。今はわりと普通らしいが、昔は真っ暗な店内に入ると魔女のような人がやってきて「ムルギー卵入りがおすすめです。ご一緒にガドガドというサラダはいかがですか」と呪文のように囁かれた、と友達が言っていた。レンガ壁がレトロな麗郷はいつも満員御礼な台湾小皿料理の店。ここのシジミと肉圓（バーワン）、おいしいのよ。

実際にハトを用いて実験してみると、最初はランドマークをたどるように飛ぶが、次第にショートカットして飛ぶようになる。これはおそらく、頭の中に何らかの地図があって、二地点の位置関係を記憶し、かつ「ここへ行くには」「自分の現在位置は」と考えることもできるようだ、ということを意味する。

もっとも、これをやるにはもう一つ、極めて数学的な方法も、あることはある。「道順を覚える」をうんと即物的・定量的にやるなら、方角と距離にまで還元してもいい。方角も東北東とか南南西とか面倒なことを考えず、東西方向と南北方向で直交座標を考えれば済む。つまり、北東に140メートル移動した場合、これを「北に100メートル、東に100メートルの地点」と考えるのだ。そうすると、移動するたびに「北に何メートル、東に何メートル」と積算して行くことができる。最終的には、到着した場所がどれほど遠かろうと、「北に何メートル、東に何メートル」で表すことができる。

地面の場合はこれがわかっても道が通じていないと困ってしまうが、空中では道など関係なく任意に動ける。斜めに飛ぼうが旋回しようがジグザグに飛ぼうがどうでもいいが、最終的に積算された移動距離が合っていれば、そこが目的地である。

これが慣性航法装置（ＩＮＳ、イナーシャ・ナビゲーション・システム）の仕組みである。ジャイロコンパスによって精密に方角を知り、さらに動くたびに発生する加速度を計測する。これによって、「どの方角にどれだけの加速度が発生したか」を厳密に知ることができるので、これを時間で積分して速度を求め、さらに速度を時間で積分して距離を求める。そうすると、「北へ何メートル、東へ何メートル」といった情報が得られるわけだ。

これは、特に長距離を飛ぶ航空機や、水中に潜んでいる潜水艦には重要な装置である。昔の潜水艦は換気と充電のために頻繁に浮上していたので天測航法も使えたが、原子力潜水艦は基本潜りっぱなしなので、慣性航法装置でもないと現在位置がわからなくなる。GPSの発達した現代でも、海中にいて電波を受信できない潜水艦には必要な装置だ。[*3]

ただ、ここまでややこしい数値的な「感覚」を鳥が持っているという証拠はない。加速度を検出する方法も思いつかないし、それを二度積分して距離を割り出す、という機能もなさそうだ。原理的にはあり得るナビゲーションの一例として挙げたが、慣性航法装置はちょっと、考えすぎだろう。

＊3　GPS以前の最初期のカーナビには慣性航法装置を使ったものがある。隣接した道が区別できなかったり、誤差が累積してくると道のないところを突っ走っていることになっちゃったり、実用性はちょっと残念だったらしい。もっとも、山の中でのカラスの調査中にはGPSを使っても現在位置が「森の中のどこか」と表示されてしまうことはよくある。

CHAPTER

6 鳥とセンサー

人間と鳥の視覚の違い

「この計画をどうみる?」と言われて、計画書をまじまじと眺めて「ふつうに書類ですね」と言ったらただのギャグだ。これはもちろん、「どのように考えるか」を問うている。日本語だけでなく、英語でも「新たな理解」の意味で「新たな見方」「新たな視点」などと表現する。

つまり、人間にとって「知る」「理解する」の基本は、「見る」ことだと思われているのだ。決して「聞く」や「嗅ぐ」ではない。もちろん、そういった感覚を比喩的に使う例はあるが、「この計画は臭うな」と言ったら明らかに悪い意味だ。人間の場合、「臭う」と言えば悪臭、生存に不利な物質の存在を探知したという意味である。最初に概観する、つまり「情報をスキャンして判断する」と言えば「見る」なのだ。

これは人間が視覚優先の動物だからだ。ただし、哺乳類のくせに視覚優先というのは、正直言って裏切り者である。我々のご先祖は恐竜と同じ時代に生きていたが、まあ一言でいえばネズミみたいな、夜行性の、地味で小さな動物だった。そんな時代が長かったので、哺乳類は色を感じる能力が退化し、嗅覚優先の動物になった。その中で嗅覚を捨て、視覚中心に戻ったのが霊長類だ。だから、人間を含むサルというのは、哺乳類の中ではむしろ異端なのである。

その点、鳥は文字通り、世界を「見て」いる。

鳥の目は、人間より優れた部分がある。というか、動物全体を見渡した時、人間の「目の良さ」は微妙なところにあるのだ。

まず、脊椎動物と無脊椎動物を比べると、これは一般的には、脊椎動物の方が解像度の高い目を持っている。多くの無脊椎動物は明暗がわかる程度の目しか持っていない。昆虫は発達した複眼できちんと外界を見ているが、解像度はおそらく、人間には及ばない。ただし、紫外線は見えている。一方、ハチは赤色が見えないようだ。つまり、見ることのできる波長が、人間よりも短い側に寄っているということだ。

ただし、シャコガイやホタテガイのような、貝殻にそって目が並んでいる連中は、思ったよりちゃんと周りが「見えて」いるかもしれない。最近の研究でわかったが、ホタテガイの目は入った光を反射させてから焦点を結ぶ、いわば反射望遠鏡のような構造をしている。しかも網膜が二つあり、風景全体のスキャンと、目の前の風景の変化に二極分化しているのでは？　と考えられている。そんなダブル画面みたいな視界をどうやって処理するのかわからないが、とにかく、ヒトデのような捕食者に襲われるのを回避するのに役立ってはいるようだ。ホタテガイは外敵に襲われた場合、泳いで逃げることもできるからである。[*1]

一方、無脊椎動物で突如として優秀な目を持ったのが頭足類、つまりイカ・タコの仲間である。彼らはピンホールカメラのような、網膜上に画像が焦点を結ぶ目を持っている。よって、ものの形が正確に読み取れるはずだ。網膜の構造も、脊椎動物とよく似ている。だが、一つだけ違う点がある。脊椎動物では、視細胞の神経繊維が網膜の表側を通り、網膜を貫通して眼球の外に出る。つまり、神経の束を通す部分には、視細胞を配置できない。これが網膜にある盲点である。ところが頭足類の視細胞の神経繊維は網膜の裏側を通っているので、盲点ができない。これについて言えば、頭足類の目は脊椎動物よりも出来がいいと言うしかあるまい。そもそもなんで光を受けるセンサーの前にコードを引き回すような配置にしたんだ、脊椎動物。明らかに設計ミスだろ。

人間の色覚を他の動物と比べてみると

では、脊椎動物の中で目を比べてみよう。この中で大きなバリエーションがあるのは、可視光域の幅の違いと色彩感覚である。

ちょっと光の話をしておく。光は電磁波の一種だが、我々に見える波長はごく限られている。波長の短い側は400ナノメートルあたりまでで、この辺りの波長の光を紫色と呼んでいる。長い側は800ナノメートルあたりまでで、こちらを赤と呼んでいる。紫より波長の短い光は紫外線、赤より波長の長い光は赤外線だ。

人間の目の網膜には、光が当たると興奮して信号を発する視細胞が並んでいる。デジタルカメラの画素だと思えばいい。この信号を受けて、光の当たり方のパターンを脳内で再構成し、風景として見ている。

視細胞には桿体細胞と円錐細胞の二種類がある。このうち、桿体細胞は低光量でも作動

*1 ホタテガイは貝殻を素早く閉じることで水を噴射し、水中を「飛ぶ」ように逃げる。ちなみにこの時、前進方向は殻の開く側。ホタテの「耳」の側には小さな穴があり、これがジェット水流の噴出口である。

するが、色がわからない。つまり、高感度だが画像は白黒になる。対して、円錐細胞には感色素があり、特定の波長の光に対して反応する。人間の場合は三原色型で、赤、緑、青の三色に対応する円錐細胞を持っている。円錐細胞は光量が少ないと反応しないので、色はわかるが、暗がりには弱い。

ところが、脊椎動物一般としては、もう一つの感色素を持った四原色型の視覚が基本だったようだ。この、第四の感色素は紫よりも短い波長、紫外線領域に感度のピークがある。つまり、脊椎動物は赤から紫外線まで見えるのが普通だったのだ。魚の時点でこの視覚はできていたようである。両生類もこの能力を受け継ぐ。

この後、爬虫類と哺乳類が出てきたあたりで、話がおかしくなる。初期の哺乳類（というか哺乳類様爬虫類）はそれなりに羽振りがよかったのだが、恐竜が台頭してくると、夜行性の小型のものばかりになってゆく。そして、夜行性の動物として進化するなら、暗視能力が重要だ。つまり、円錐細胞の割合を減らし、桿体細胞の割合を増やす方に進化しただろう。その過程で哺乳類は2種の感色細胞を失い、赤青の二原色型になったのである。

そうこうするうちに、森林で果実を食べる哺乳類の中に、原色を一つ復活させたものがでてきた。それが真猿類、つまりキツネザルを除くサルだ。その流れを汲む人間も、赤青緑の三原色で世界を見ている。一方、他の哺乳類は二原色で、そもそも円錐細胞が少ない

少なくとも一部の昆虫も紫外線が見えるのだが、これは花との間に面白い共生関係を生んだ。花を紫外線で見た場合、非常に目立った模様が浮かび上がる場合があるのだ。

花弁にはそうでなくても色の濃淡や放射状の模様があり、花の中央を強調するようなデザインになっている場合がある。これは花を訪れる昆虫に対して「ここに蜜があるから着陸しなさい」というサインになっていると考えられている。こういったサインは、紫外線を含めて見た場合、より強調されるようだ。つまり、まさに昆虫を相手に、「ここにおいで」と誘うための宣伝であり、「着陸せよ」という滑走路の標識というわけである。ハチの視覚世界を擬似的に経験できるビーカムという特殊なカメラもあるのだが、これは紫外線領域を赤色として出力する仕掛けになっている。ハチの視覚は短波長側に偏っており、赤色がよく見えないからだ。人間と比べた場合、紫外線が見える代わりに赤が空いているから、紫外線色として赤を当てはめてみた、という仕掛け。本当にハチの見ている世界を再現できているかどうかはわからない。

紫外線が見えるメリットとは

さて、鳥が紫外線を見ていることがわかった時、いったいそれがなんの役に立つのか？という疑問が湧いた。これに最初に答えたのが、「チョウゲンボウにはハタネズミのオシッコが見える」という面白いアイディアだった。

ハタネズミは草原性のネズミだ。地下にトンネルを掘って暮らしているが、餌となる草を集めて回る時は地上で活動する。鼻面の短い、のそのそしたネズミで、水田の畔や河川の堤防にもよくいるのだが、なかなか姿は見せない。

ハタネズミを初めて見たのは、鳥取県の小山池のほとりだった。ここで鳥を見ていたら、視野の隅で何かが動いた気がした。はて？　と思って注意していると、突然、一本の草が起き上がり、そのままスッと消えた。面妖な、と思って確かめに行くと、地面に穴があって、長い草が半分ほどそこに引き込まれているのだった。しばらくじっと動かずに見ていると、穴の中からネズミが出て来て、草の中ほどをくわえ、穴の中に引っ張り込んだ。それがハタネズミだった。

このハタネズミ、地上を歩いている間にあちこちに尿をして回る。これは縄張り宣言のためのマーキングなのだが、この尿は紫外線を反射している。ということは、理屈から言えば、チョウゲンボウはハタネズミのマーキングが見えるのだ。上空を飛びながら餌を探すチョウゲンボウにとって、ハタネズミの縄張りが見えるのは非常に都合がいい。痕跡の多いあたりを重点的に探していれば、効率良く餌が取れるはずだ。

ただし、現在ではこのアイディアにはちょっと、疑問符が付く。ハタネズミの尿は確かに紫外線を反射するが、その量はごくわずかで、上空からちゃんと見えているという証拠はないからだ。また、猛禽の感色素はピーク波長がやや長い側にずれており、紫外線があまり見えない、という研究もある。彼らは爬虫類から受け継いだ四原色型の視覚を持ってはいるが、紫外線が見えているからといって、それをフルに活用していなくてはならない、ということもない。「たまたま見えるだけ」ということもあるだろう。

一方、昆虫食の鳥にとっては紫外線が役立っている可能性がある。これも確かめられたわけではないのだが、実験の失敗によって考察されたアイディアである。

紫外線が見えるということは、人間には見えない模様を、紫外線を使って浮かび上がらせることができるということだ。花びらの模様と同じである。すると、昆虫の中には紫外線を使って「俺は毒だ」と宣伝している、つまり紫外線領域の警告色を持ったものがいるかもしれない。そう考えた研究者が、ある実験を行った。

これは、実際に警告色を探す研究ではなく、理論的に「紫外線も警告色になり得る」という可能性を示す目的だった。彼は可視光線域では同じ色だが、紫外線反射が違う餌を作った。一つは紫外線反射を増すためにチョークの粉を塗ってある。最近のチョークはダストレスで成分が違うようだが、かつてのチョークは炭酸カルシウムで、紫外線をよく反射した。もう一つは紫外線反射を消すために酸化チタンを塗った。酸化チタンは日焼け止めに使われる成分で、紫外線を吸収する性質がある。

こうやって紫外線反射をコントロールした餌を用意し、紫外線反射の強い餌に苦い薬品を混ぜて、シジュウカラに提示した。もし、鳥が紫外線警告色を知っている、少なくとも覚えられるなら、「うわ、この紫外線ビカビカの奴はまずい」と覚えて食べなくなるはずである。

ところが、結果はどうもうまくなかった。シジュウカラはいつまでたっても苦い餌を食べてしまうのである。紫外線反射のある餌とない餌を食べる確率は、ランダムに選んだ場合と差がない、という結果にしかならなかった。それどころか、一番最初につつく餌は味に関係なく、紫外線反射が強いものである、という傾向さえあった。

これをどう解釈するかは悩ましいところだが、この研究者の考察は、「紫外線反射が強いものは昆虫や果実だったりするので、シジュウカラにとっては良い餌であることが多く、無条件に紫外線反射が強い方を食べたがるのではないか」というものだった。昆虫には紫外線反射が強いものも弱いものもいるのでなんとも言えないところはあるが、対象動物がシジュウカラということで一つ思いつくことはある。シジュウカラは脂身が大好きなのだ。餌台に脂身を置いておくと大喜びで食べている。そして、脂身は紫外線反射が強いのである。

もちろん、これだけのことで「シジュウカラは脂身を食べるので紫外線反射が好きだ」と言うことはできないが、「まあシジュウカラの好物の一つは紫外線ビカビカだよね」という程度の符合は、あることはある。

一方、波長が長い側はどうだろう。

赤外線領域まで見える動物はほとんどいない。いたとしても人間より少し長いところまで見える程度だ。赤外線というと暗視装置のような気がするが、夜行性の動物だからといって赤外線が見えるわけではない。

人間の作った赤外線暗視装置にはいくつかある。一つは、赤外線サーチライトで対象を照らし、その反射を撮影してモニターに映し出す、というもの。仕掛けとしてはライトで照らしながらカメラのファインダーを覗いているのと何ら変わりないのだが、赤外線で照らされても人間の目には見えないから、見られていることに気づかない。これが第一世代の暗視装置だ。

だが、後の世代になると強力な光増幅装置を組み込み、赤外線だろうが可視光線だろうが増幅して、ごく弱い光の下でも見える仕掛けになった。これなら、真っ暗闇でない限り、光源はいらない。これがスターライト・スコープと言われるもので、文字通り星明かりでもちゃんと見える。星もない闇夜に備えて小型の赤外線投光器を備えている場合もあるが(高度な増幅機能があるのでサーチライトみたいに大げさなものでなくていい)、必ずしも使う必要はない。というのも、相手も同様の装置を持っている場合、赤外線投光器を点灯した瞬間にこっちの居場所がバレてしまうからだ。

そして、さらに新しい世代のものは全く方式が異なる。熱映像装置、サーマル・イメージャーである。これは物体の放射する熱を捉えて画像に変換する。物体からはその温度に応じて電磁波が放射されるので、これを捉えて周波数の違いで色分けすれば、「あ、あそこに温度の違う奴がいる」とわかる。人の体温くらいの物体なら、放射しているのは遠赤外線だ。この場合、相手の熱放射を捉えるだけなので、こちらからは何も出さない。

まとめると、暗視装置に赤外線が関係するのは「こちらから赤外線で照らしてその反射を見ている」か「相手の発する赤外線を見ている」か、どっちかということだ。

ということで、相手の体温が「見える」のでない限り、赤外線が見えたって別に夜間視力は上がらないのである。あくまで光増幅装置や赤外線投光器があるから役立つのだ。

では、相手の体温を見るなどという、映画『プレデター』に登場する異星人みたいな動物はいるか?

もちろんいる。ヘビの一部がそうだ。ハブやガラガラヘビの仲間は鼻孔と目の間にピット器官と呼ばれる窪みがあり、これで遠赤外線を「見て」いる。ニシキヘビの仲間は口の周りにいくつかのピット器官がある。実際、興奮したハブは焚き火にアタックすることがあるが、これは温度に騙されて何か生物がいると勘違いしているからだ。ピット器官は極めて鋭敏な温度センサーになっており、ネズミが移動した後の地面に残る熱の痕跡さえ辿ることができるという。

ただし、ヘビが感じる赤外線は遠赤外線で、赤からはだいぶ遠い領域にある。だから、視細胞ではなく、ピットという別の器官が必要だったのだ。ということで、いまだに目で熱探知を行う動物は見つかっていない。

シギは熱光学迷彩を駆使？

赤外線について長々と書いたのは、シギの糞が

遠赤外線が「見える」動物の例（ニシダイヤガラガラヘビ）

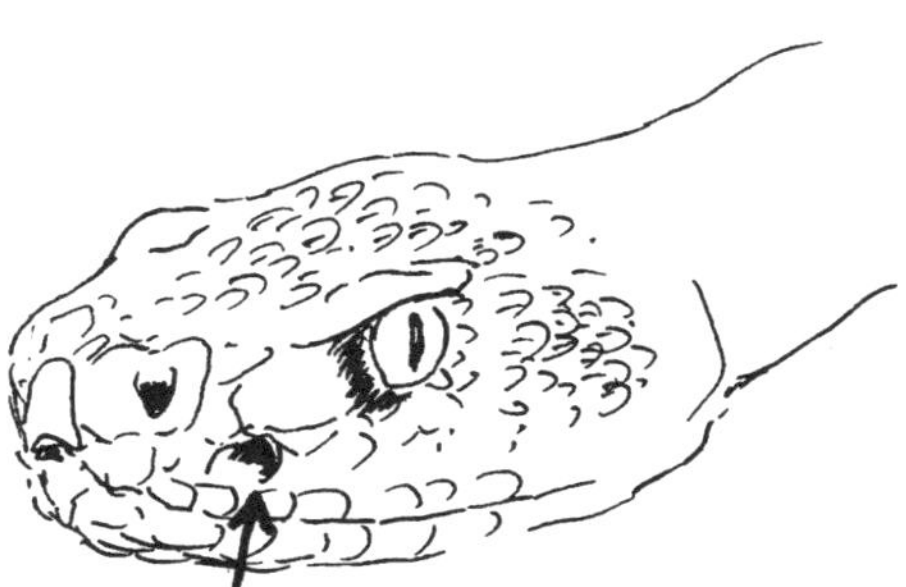

赤外線を誤魔化す隠れ蓑ではないか、という論文を見たことがあるからである。

シギの仲間は大群を作って浜辺で採餌していることがよくある。彼らの餌は砂浜に潜った小さなカニやゴカイだが、そういった餌はしばしば、波をかぶった瞬間に砂から顔を出し、波が引いていくとまた砂に潜る。なので、波が引くのを追って駆け戻りながら餌を探していたりする。打ち寄せる波に合わせて行ったり戻ったり、1羽だけでもめまぐるしいのだが、これを集団でやられるともう、目眩がしそうだ。実際、数百、数千に達する個体が目の前を入れ替わり立ち替わりしていると、捕食者の方も誰に狙いをつけていいかわからないに違いない。

この鳥たち、何かに驚くと一斉に飛び立つ。そして、この時にてんでに糞を落としていくことがしばしばある。結果として、砂浜には鳥の糞が転々と落ちることになる。

ここで、わざとらしい糞は何かの役に立っているのか？ と考えた研究者がいた。鳥は確かに、飛び立つタイミングで糞をすることがある。緊張のせいでつい出てしまうこともあるだろうし、飛び立つ時には全身の筋肉を使うだろうから、そのせいで出てしまうこともあるだろう。また、意図的にやっているかどうかはともかくとして、飛び立つ時に糞を落としてわずかでも体を軽量化するのは、空を飛ぶものとしては正しい心がけである。

他には？

ここでこの研究者が考えたのが、赤外線に対する囮（デコイ）、というアイディアだった。排出された直後の糞は体温と同じ温度を保っている。もちろんすぐに冷えていくが、数秒なら、鳥と同じように見えなくもないのである。これは論文に掲載された熱映像を見るとよくわかる。

そうすると、仮にプレデターのような、熱で獲物を見ている捕食者がやってきた場合、急激に飛び立ちながら糞をばら撒くのは効果的である。急上昇・急加速する空中のターゲットにはどのみち、狙いを絞りにくい。それではと地上の熱源に襲いかかると、それは単なる、糞なのである。餌が手に入らないのみならず、メンタル的にかなりキツい。

急機動＋囮、というのは戦闘機がミサイルをかわす手順と全く同じだ。空対空ミサイルには赤外線追尾式とレーダー誘導式があるが、赤外線追尾式のミサイルはまさにガラガラヘビやプレデターと同じで、機体の発する熱を捕捉して追いかけてくる。そこで、追尾されているのがわかったら、後方にフレアと呼ぶ熱源を投下し、自分は急旋回してミサイルの視野から外れる。ミサイル的には「高温で赤外線をバンバン放っているもの＝標的」なので、フレアの方を追いかけて行ってしまう。[*2]

というわけで、理屈としては、シギが糞を落とすのはフレアになっている可能性がある、というのがこの論文の要旨であった。ただ、赤外線を利用して餌を探すような奴が果たして海辺にいるものなのか？　という重大な疑問は残る。空腹に耐えかねたプレデターがうろついているのでない限り、こういった能力は進化しそうにない。動物の中で確実に赤外線を使うのはヘビだが、ガラガラヘビやニシキヘビが砂浜を延々と横切ってきて攻撃レンジまで忍び寄っているようでは、あまりに不注意が過ぎる（ヘビの攻撃レンジはせいぜい、体長の半分かそこらだ）。面白い考察ではあったが、実際のところはちょっと疑問であった。いや、こういう突拍子もない話は大好きだが。

鳥の視覚の特徴

鳥の視覚は非常に優れている。一説には人間の8倍とか言われることもある。ただ、実験的に二点分解能を測ってみると、そこまですごくはない。二点分解能というのは、二つの点を近づけていっ

つまり、こういうこと？

飛び去り際のシギの「脱糞」

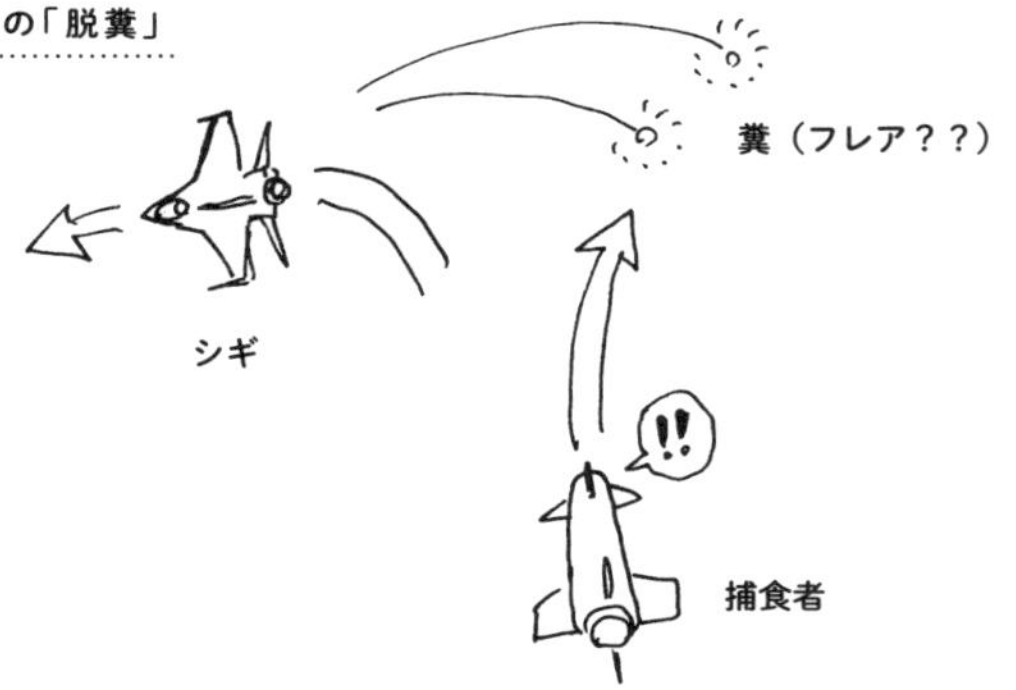

た時、どこまでちゃんと二つだと識別できるか、どこから一つに見えてしまうか、ということだ。要するに視力検査である。

鳥の二点分解能の研究はいくつかあるが、実は、あまりパッとしない数字が並ぶものもある。それによると鳥の視力はよくて人間の3－4倍。悪い方だと、例えばニワトリは1・0を切るくらいで、これはむしろ人間より悪い。つまり、「平均すれば人間よりはいいけど、かけ離れた数字ではない。人間が勝っている場合だってある」といったところだ。ちなみにカラスは鳥としては中庸で、人間よりやや良い程度。

＊2 現在のミサイルは紫外線の放射パターンも合わせて見ていたり、画像認識で相手の姿を捉えていたりする。こういうお利口なミサイル相手だと、単純なフレアは効果がない。ちなみにレーダー誘導の場合は、レーダー波をよく反射する、チャフというアルミ箔片をバラ撒いて、これを身代わりにして逃げるという手がある。作戦全体として相手のレーダーを妨害するなら、チャフを大量に散布し、電波に対する「壁」を作るやり方もある（註3）。ちなみにフレアやチャフを追って行ったミサイルは囮の近くを通り過ぎた瞬間に近接信管が作動して爆発するか、敵を見失ったと判断して自爆する。あんなものが降って来たら味方も危ないからである。

＊3 このチャフに近いことをやるのがイカ。イカの墨は粘性が高く、吐き出したあとも固まって流れる。これをイカ本体と勘違いして捕食者が突っ込むと、ここで初めて拡散して視野を塞ぐ。のみならず嗅覚を撹乱する効果もあるので、食らった方は追跡不能に陥る。

一般に猛禽類など、遠距離から正確に獲物を見つけなければならない鳥は分解能が高い。一方、キジやカモの仲間は遠距離から獲物を探知する必要がない。彼らの餌は目の前にいる昆虫や草だからだ。もちろん、迫ってくる猛禽を発見して逃げるためにも視力は必要なのだが、この場合はそこまで精密な視覚でなくてもいい。怪しい奴が突っ込んできたら、とりあえず逃げればいいのである。[*4]

ただし、「鳥としては中庸」なはずのカラスの視覚は驚異的である。実際には分解能だけでなく、色覚や動きの感知なども統合されているのだろうが、たとえ森の中に潜んでいるつもりでも、カラスはちゃんとこっちを見ている。しかも、樹冠より上を時速数十キロで飛びながら、あるいは１００メートルも離れたところから、である。

二点分解能というのは、デジカメで言えばレンズや画素数の話である。だが、デジタルカメラの画質を決めるのは、そういった単純なハード面だけではない。そこから先の、画像をデータに置き換えるソフト面に大きく左右される。おそらく動物の視覚もそういった部分があり、単純な「視力検査」ではわからない優劣があるのだろう。

実際、人間の目が捉えたナマの映像と、我々が認識する「視界」はかなり違うはずだ。網膜上の視細胞の密度は場所によって違い、中心付近にある中心窩《か》で最大となり、周辺部は密度が低い。盲点には視細胞がない。だが、普段はそのことを意識していない。また、視細胞の中でも色を感知できる円錐細胞は中心部に多いので、視野の周辺部は中心よりも白黒に近くなっているはずである。だが、これも普段は意識していない。もっと言えば、網膜は常に振動しているので、画像が静止することもない。[*5]

ここから「このブレは網膜の振動によるものだからキャンセル」という処理をして、その中から振動とは独立して動いているものを検知し、無意識に目を動かして周囲をスキャンした結果を統合して出来上がるのが、人間の知覚する「視野」である。試しに視点を固

＊4 こういう、狙う側と避ける側の非対称性はレーダーにもある。ルックダウン・シュートダウン能力を備え、空中目標を探知して火器管制を行うパルスドップラーレーダーは戦闘機クラスでないと積めないが、敵のレーダー波を感知して警報を発する装置なら、前線に出る軍用機にはだいたい付いている。なお、昆虫の中にはコウモリの超音波を聞くと急旋回や急降下で「ロック・オン」を外そうとするものがある。これも極めて単純な、細胞数個からなるシステムで、姿勢を制御する神経に介入し、一時的に無効化することで「自分にもどう飛んでいるのかわからない」状態を作り出している。ガの中には自分から超音波を出してコウモリを撹乱するものまであり、こうなると完全にＥＣＭ、対電子妨害の世界である。

＊5 視細胞に光が当たると「光が当たりましたよ！」という信号を脳に送る。ところが、同じ刺激が続いている間はそれ以上信号を送ることができない。ということは、風景が静止している場合、最初の一発目の信号しか送れない、ということになる。そこで網膜を振動させ、強制的に細胞に当たる光を変化させることで、次々に信号を送ることを可能にしている。

定したまま、視野の周辺部の細かい情報を把握しようとしてみてほしい。驚くほど「見えていない」ことがわかるはずだ。

鳥について言えば、確実に人間より優れているのは、色彩分解能と時間分解能だ。つまり、人間よりきめ細かく色を見分けることができ、かつ、素早く動くものもブレずにキチンと見えている。鳥からすれば、人間の見ている世界など、何世代か前のゲームの、再現性の悪いグラフィックを見せられているような気分であるかもしれない。それどころか、テレビ画面がちゃんと動画になっているかどうかも微妙だ。

人間の目は秒間20コマくらいのフレームレートになると、動画と認識する。15コマだとコマ落としが認識できる。だが、鳥の目の臨界周波数は人間よりうんと高いので、秒間24ないし30フレームのテレビ放送では、滑らかな動きには見えない可能性がある。そういう意味では、人間の目はしょせん、時速数キロメートルからせいぜい30キロメートルあたりまでを考えてチューニングされており、それ以上の速度で風景が流れていくことは考えていない。普通に時速数十キロで飛ぶ鳥類とはわけが違うのである。

とはいえ、鳥だって動いている景色よりは、静止した対象の方がよく見えるのは当然だ。飛んでいる時は無理だが、地上を歩きながら周囲を見る時、鳥は視野を静止させる手段を持っている。それが、ハトなどに見られる首振りである。実際には首を振っているのではなく、「頭を止めている」という方が正しい。

体を前に進めながら、顔を空間の一点に固定し続けるには、体の前進に合わせて首だけを後ろに引かなくてはならない。一杯まで後ろに引いてしまうと、今度は素早く一番前まで頭を出し、そこでまた頭を静止させる。これが、ハトが歩く時にやっていることである。視野が動くのは首を前に出す一瞬だけだ。ちなみに、ハトのように首を振る鳥でも、常に振るとは限らない。餌探しモードの時は首を振るが、単にぼんやり歩いている時は振らない、などの使い分けも可能である。

CHAPTER

7 鳥とテーブルマナー

嘴は道具

キャンプに行く時、絶対に忘れてはいけないものがある。箸やスプーンなどのカトラリーだ。その場で枝を削って箸を作ることはできるが、適当な枝が手に入らないこともある。

よって、昔の山屋はカトラリーを「ブキ」と呼んだ。飯時になると「ブキ持って集合！」となる。山では腹が減るものだから、争奪戦のための文字通りの武器ではある。いや、決してフォークで頸動脈を突いたり邪神を黙らせたりはしないが。

学生時代、屋久島でのニホンザル調査のためキャンプしていた時、食事はいつも楽しみだった。ただ、自分の装備をテントに置いていると、テントまで行って、開けて、取り出して、また閉めて戻ってくるのが結構面倒である。そこで一計を案じた。コッヘルの取っ手を、ベルトに付けたカラビナに引っ掛けたのだ。さらに、重ねて収納できるキャンプ用のアルミスプーンとフォークにも穴を開け、カラビナを通せるようにした。キャンプに戻って、荷物を置いて、「メシ時だな」と思ったら腰に付けておく。これで、食事の準備は万端だ。ブキは常に、私の腰にある。

このアイディアは別に私の発明ではない。モンゴルの遊牧民がナイフと箸をセットにして鞘に収め、腰に下げているのを真似ただけである。

さて、山でメシを食う時にスプーンかフォークかは悩むところだが、私はスプーン派である。スプーンで食えないものは滅多にないが、フォークでは食えないものはよくある。例えば汁物がそうだ。細かいものもフォークでちまちま拾っていると面倒である。ご飯もスプーンですくうのが一番簡単。仮に（山でそんなものは食わないが）トンカツであっても、切ってしまえばスプーンですくい上げて口に運ぶことは可能だ。切っていなかったら？だったらもう、手に持って食えばいいじゃん。

ただし、何年かやっているうちに気づいた。全てをこなせるのは、結局、箸なのだ。細かいものもつまめるし、面倒ならかき込んでしまえばいい。あと、切り分けることもある程度はできる。ということで、今、私の愛用のブキは、屋久島で買った杉箸である。

とまあ、こういう具合でモノを食べるのにあれこれ道具を使うことの多い人間だが、[*1]我々は状況に応じて道具を持ち変え、瞬時に機能を切り替えることができる。これは驚異的な性能だ。ナイフとフォークとスプーンを持ち替えるように、爪や歯を取り替えて餌を食べる動物なんかいるわけがない。

鳥の場合、その口には歯すらない。また、前足は翼になってしまっているので、獲物を捕らえるにも役立たない。ということで、餌を探り当てたり、捕獲したりするのは、嘴の役目だ。もちろん、嘴の形は遺伝的に決定されており、変更が効かない。

ということは、鳥にとって、嘴とは生存に必要なツールであり、プロの道具が妥協を許さないのと同様、餌を手に入れるために特化した形をしている。よく言われる（私もよく例える）のは、嘴は工具だ、というものだ。

確かに工具というやつは気が遠くなるほど種類があり、それぞれ用途が違う。博物館での展示作業でネジを回すにしても、大型ドライバー、精密ドライバー、ビットを交換できて片手でカチカチ回せるラチェットドライバー、狭い隙間にでも差し込めるフラットラチェット、六角レンチセット、携帯電話も分解できる特殊ドライバーセットと各種ある。まあ、一番よく使うのはごく当たり前な1本か2本で、それさえ持っていれば80％以上の状況はクリアできるが、「残り20％は手も足も出ないので、作業が進みません」と言うわけにはいかない。結局、工具箱一杯の道具を溜め込むことになる。

これは嘴の多様性の進化、および特殊化そのものだ。例えば、六芒星みたいな形の穴が開いたトルクスネジは、他の形のドライバーでは回しようがない（マイナスドライバーを強引に叩き込むなど、ネジを壊してもいいなら手はなくもないが）。一方、それ専門になってしまったトルクスドライバーも、他のネジを回すことができない。騙し騙し、六角レンチの代わりにできるかもしれない……程度だ。

同じように、シギの嘴はゴカイを食べるために、ハチドリの嘴は花蜜を吸うために特化している。シギの嘴の恐ろしいところは、あの細長い嘴が極めて柔軟に反り返る、という点である。彼らは嘴の先端だけをヒョイと開くことができるのだ。これは骨の弾性による

＊1　もちろん手で食べる文化もある。それが非常に洗練された、訓練の必要な技術であることは、インド人と一緒にカレーを、ケニア人と一緒にウガリとシチューを、食べてみればわかる。食器を用いないのが野蛮で非文化的なわけではない（註2）。あと、右手にナイフ、左手にフォークというのもあくまで西洋の話で、タイだと右手にスプーン、左手にフォークで食べるのがデフォルト。やってみると合理的である。

＊2　1991年のアニメ版『美女と野獣』では皿に顔を突っ込んで食べる野獣にベルがテーブルマナーを教えるシーンがあったが、2017年の実写版ではベルも一緒に皿を持ち上げてスープを飲むシーンだけになっている。異文化や風習を「否定から入って教え導く」ではなく「一緒に経験して受容する」に変更したようだ。さすが多文化国家で且つ世界戦略映画、なかなか芸が細かい。

動きで、関節などはない。筋肉の力でペコンと曲がるくらいだから、キツツキみたいに立木を叩いたりしたら折れる。さらに、シギの嘴の先には多数の神経細胞があり、嘴の先を極めて鋭敏な触覚センサーにしている。彼らは泥の中に嘴を入れて振り回し、ゴカイなんかに触った瞬間、嘴の先だけでパクッとくわえて、泥から引き抜けるのである。シギは絶対的な強度を犠牲にして、自らの嘴を「センサー付きの探針かつピンセット」に仕立てたのだ。

もっとも、シギも草地で昆虫を食べていることはあるし、それどころか鳥の卵を食べているのも目撃したことがある。キョウジョシギがコアジサシの卵をつついて穴を開け、中身を食べていたのだ。まさかにあんな真似をするとは思っていなかったが、卵は栄養豊富だし食べやすいし、カラスだけでなくいろんな鳥にとって、見つけたら食べたいものなのだろう。

特記すべき形の嘴といえば

さて。史上最高に不思議な嘴を持った鳥として、ニュージーランドのホオダレムクドリに触れないわけにはいかない。

この鳥はペアで描かれないと意味がない。その特徴は一目瞭然、雌雄《しゆう》で嘴の形が全く違うのである。オスはムクドリをやや太くしたような嘴だが、メスはツルハシ状に大きく曲がった、細長い嘴を持っている。雌雄で外部形態に違いがある鳥は多いが、ここまで嘴の形が違う鳥は他に知られていない。

これほど形が違うということは、同じ餌を同じように食べるのは絶対に無理だ。雌雄が協力して餌を採るという説もあるが、それはつまり、ペアになれなければ即死するということである。リア充でなければ生きている資格もないなんて、あんまりだ。とはいえ、飢え死にするのはオスもメスも同じだから、とにかく両性とも必死にペアを作ろうとするはずで……なにその集団婚活サバイバルな社会[*3]。

別の意見としては、雌雄で餌が違うのだろう、というものもある。そういえば雌雄で餌を違える

嘴だけ見ると別種のようなホオダレムクドリのメス（左）とオス

ことで利益を得ているのではないか、という例に、ハイタカ属の猛禽があった。猛禽はだいたいにおいてメスの方がオスより大きいのだが、ハイタカ属、中でもハイタカやツミは特に雌雄差が大きく、オスはメスの6割ほどの体重しかない。メスの方が大きいことについては産卵能力を上げるという意味があるだろうが、オスが大きくなってはいけない理由はない。仮説として挙げられているのは、オスとメスが全く違う獲物を狩ることで、餌の競合や枯渇を防いでいる、というものだ。確かにメスが中型の鳥を、オスが小型の鳥を獲ることにしておけば、お互いに餌の奪い合いにならず、雛のために持ち帰る餌も増やせるだろう。

というわけで、非常に興味深いホオダレムクドリなのだが、その採餌行動の真相は不明だ。1907年の記録を最後に絶滅してしまったからである。

それにしても、仮に雌雄で共同していたなら、いったいどうやっていたのだろう。大きく曲がった嘴は朽木の隙間にでも突っ込んで昆虫を探るのだろうか？　そして、虫が採れたらオスに給餌。オスは普通に昆虫や小動物を捕まえ（ホオダレムクドリはカラスくらいの大きな鳥だ）、これをメスに給餌……なんかオスの方が楽そうだぞ、それ。あるいは、オスがまっすぐで頑丈な嘴を使って朽木を切り崩し、そこにメスが嘴を突っ込んで昆虫を探す……今度はメスに食い逃げされそうである。2羽でぴったり共同しないと餌が採れないというのは、なかなかに成立させるのが難しいのだ。それこそペアのパートナーくらいの関係性がいりそうだ。繁殖ペアならば、「協力しないと自分の子孫も残らない」という強烈な束縛がある。

動物にとって「自分が我慢をしても相手と平等に」というのは、非常に難しい条件なのである。噂では、天国にはご馳走と、ものすごく長い箸があるという。せっかくのご馳走も自分の口に入れるのは難しいのだが、みんなが長い箸でつまみ上げてテーブルの向かい

*3　ここでさらに妄想してみよう。この場合、独身でいることで、自分の能力を誇示できるかもしれない。つまり、ペアでなければ餌を取ることもままならないはずの社会において、「敢えて独身」で生きていられるということは、飢えに耐えるだけの栄養を蓄積しており、かつ、一人でもなんとか餌を取り切るだけの能力がある、と示せるだろう。これはウソのつけない信号だから、ハンディキャップ理論にも叶っている。ということは、婚期が遅いほどモテるはずだ。だが、これをやりだすと、今度は良い配偶者をゲットするためのチキンレースが始まってしまう。よりよい相手を捕まえるために、空腹に苛まれてもペアになろうとしないのだ。かくして耐えられなくなった個体から脱落してペアを作って行き、最後に残るのは、痩せ我慢大会に勝ち残った頑固者ということになる。だが、この時、たまたまメスがオスより1羽少なかったりすると、勝ち残ったオスには相手がいないという悲劇が起こる。そうでなくても婚期を遅らせると生涯に残せる子孫の数が減るはずなので、この戦略はあまり良い方法とは言えない。

側の人に食べさせてあげるので、お互いに幸せだそうである。一方、地獄も全く同じなのだが、お互いに食べさせ合うという発想がないので、みんなひもじい思いをしているらしい。だが地獄の亡者たちよ、君たちに足りない発想はそれではない。手づかみで食べるとか、箸をへし折るとか、そういうことは思いつかんのか。

どうにも「協力し続けなければ死ぬ」という状況は、完全な共生関係などを除けば、あまりに例がなさすぎる（だいたい、共生だって実際には利益の不均衡や騙し合いがしょっちゅう起こっている）。それを考えれば、雌雄で極端に餌を変えることで競合を避けていた、という方が、理解しやすいような気はする。いや、ホオダレムクドリが極めて特異な例外であり、雌雄が仲睦まじく協力し合う、天国のような鳥だった、という可能性も否定はできないのだが。

日本でも見られる変わった嘴の鳥として、イスカを挙げよう。ただし寒いところの鳥なので、北日本や高地でないと見られない。私もちゃんと見たことがない。青森あたりまで行くと、よくいると聞く。

イスカは大柄なヒワの仲間で、バードウォッチャーの言う「赤い鳥」である。この仲間にはオオマシコ、ギンザンマシコなど、北方系の赤っぽい鳥というのがいくつかあるのだが、イスカの際立った特徴は、先端が伸びて食い違った嘴だ。上下の嘴がX型に食い違っているのである。

ハシブトガラスでも、稀にそういう個体はいる。だが、基本的には形成異常だ。イスカの場合は、食い違っているのが正常である。これはいったい、何のために？

イスカのもう一つの特徴は、とにかくマツボックリをよく食べるということである。枝先に止まって、器用にマツボックリから種をほじくり出して食べている。イスカがよく来る場所には、芯だけになったマツボックリが落ちているという。ということで、つまり……イスカはこのこの特徴的な嘴でマツボックリを食べているんだよ！

そりゃまあそうなのだが、何かをつまんで引っ張り出すなら、どんな鳥でもやる。イスカだけに

イスカの嘴

必要な嘴とは、どういうものなのか？

最近、この疑問の答えが鳥学会で発表されたが、まさかの結果だった。イスカはどうやら、マツボックリから引き抜くのではなく、こじ開けるのに、あの嘴を必要としている。鱗片の隙間に嘴をねじ込み、思いっきり、嘴を「閉じる」のだ。開けるために閉じるとは妙な気がするが、ここで食い違いが威力を発揮する。嘴の下側に突き出した上嘴はさらに下へ、上側に突き出した下嘴はさらに上へ動くからだ。つまり、彼らは「噛みしめる」という、最も力の入る運動を、逆向きの「押しひらく」という動作に変換したのである。

こういう、「閉じると開く」という工具は、確かにある。スナップリングプライヤーといって、機械部品の軸なんかに付いているC字型リングを外す時に使うものだ。グリップを握ると口先が広がり、Cリングを押し広げて抜くことができる。だいたい、開くよりは閉じる方に力がかかるのが、生物の一般的な傾向である。ワニだって口を閉じる力はものすごいが、開く力はそれほどでもなく、それゆえに縄で口を縛られると噛みつけなくなってしまう。


鳥には歯がない。これは常識だが、考えてみたらご先祖様である恐竜には立派な歯があった。歯と、それを支えるための頑丈な土台を用意すると重くなる、よって歯を退化させた、という理屈はわかるのだが、異形歯まで発達させたいわば「歯マニア」な哺乳類としては、つい思ってしまうのだ。

「ほんとに、歯はいらないの？」

とはいえ、鳥にも歯「のような機能を持ったもの」は存在する。

例えば、ハヤブサおよびモズの仲間の上嘴の縁には特徴的なでっぱりと刻みがある。真横から見ると嘴の先端近くに大きく刻み込みがあり、その後方が牙のように尖っている。下嘴の方も、この形にぴったり噛み合うようになっている。これは猛禽の中でもハヤブサ科にしかない。標本をざっと見渡してみたが、オジロワシもクマタカもオオタカもハイタカもオオノスリもマダラチュウヒも、こんな構造はない。せいぜい、上嘴の縁がか

ハヤブサ科のチョウゲンボウ

すかに波打っているかな、という程度だ。

で、この「牙」の役目だが、獲物を捕らえるためというより、獲物を咬み殺すためだろう。猛禽は餌を捕らえる時、口ではなく足で握る。そして、ハヤブサの仲間が小鳥やネズミを捕まえた場合、頚椎の付け根を噛み砕くか噛み切るかして、相手の息の根をとめる。その時に、この刻みと出っ張りが頚椎を挟んで逃がさず、そこに下嘴がピタリとはまって、効果的に剪断圧力をかけるように機能しているのだろうと想像している。

とはいえ、これは歯とか牙というより、工具の刃といった方がいい。もっと歯っぽいものはあるか？

そしたら思いっきり、あった。アイサという潜水性のカモの仲間である。

この仲間にはカワアイサ、ウミアイサ、ミコアイサ、コウライアイサなどがあるが、博物館にあるカワアイサの標本を手入れしていて、嘴にずらりと並んだ「牙」に気づいたのだ。

それは凹凸というにはあまりに精巧すぎた。鋭く、多く、長すぎた。それはまさに、牙だった。上下の嘴の縁に、全長にわたって、ズラリと棘のような突起が突き出している。おまけに後ろに傾いているので、噛みつかれたら逃げることはできない。どう考えても、これは魚を捕らえて逃がさないための構造である。他の標本も当たると、ミコアイサにも、控えめではあるが、同じような構造があった。映像で見る限り、ウミアイサにもある。おそらくアイサの仲間に共通する特徴だろう。

ところが、同じく潜水性で魚食性の、ウやカイツブリの嘴にはこんな構造がない。アイサ独特である。

もちろん、ウやカイツブリだって牙があった方が取りやすいだろうと思うのだが、アイサには一つ、利点がある。アイサはカモ類だが、カモの仲間は伝統的に、歯を持っているのだ。

え？　と思われるのも無理はない。だが、カモの仲間は、平たい嘴の内側の縁に、洗濯板のようにギザギザになった部分がある。下嘴は細くて、上嘴にはまり込むような形をしているが、この縁にも、同じようなギザギザ領域がある。おそらく、これを使って草を擦《す》り切っているのだ。ハクチョウになると大きいだけに強力で、電波発信機を背負わせるためのフロスをガジガジと噛み切ってし

カワアイサの嘴

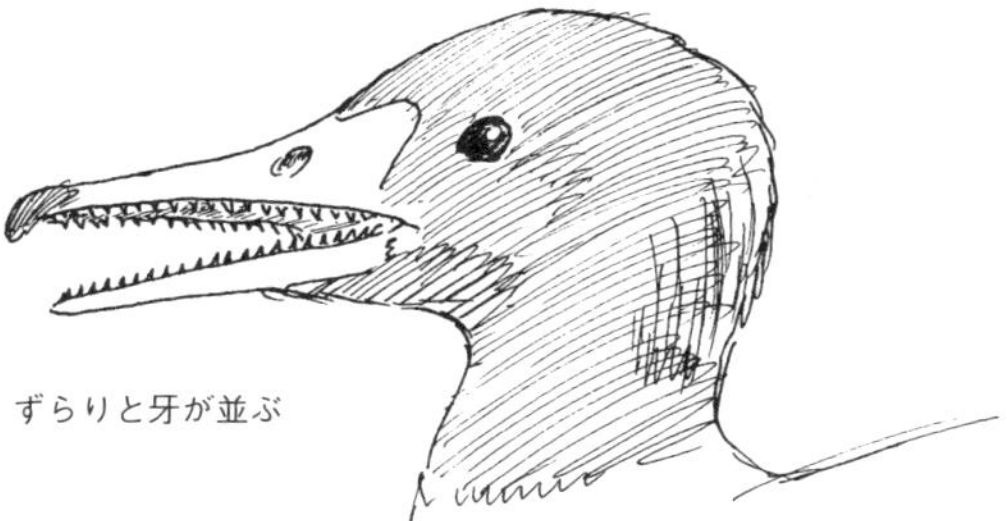

まうそうである。ハシビロガモではギザギザではなく、嘴に生えた櫛状の剛毛になっている。彼らはプランクトンや藻類を漉《こ》し取るように食べることが多いからだ。

ちなみに、これがガチョウ（原種はハイイロガン）になると舌にまでトゲが発達し、「お前はいったい何を食べる気なんだ」と言いたくなる様相を呈してくる。なお、舌がえげつないといえばペンギンがチャンピオンだろう。ヘアブラシのようにびっしりと棘が並び、くわえた獲物は絶対逃がさないという決意が形をなしたとしか思えない。舌のみならず、上口蓋にまでトゲを生やしたやつもいるほどだ。

このように、歯はないが、歯の役目をする構造がないわけでもない、というのが鳥の嘴である。

こういった嘴のギザギザは一般にセレーションというが、ナイフにもセレーションがある。有名なのはサバイバルナイフの峰についたノコ刃だが、あれは元来、「米空軍サバイバルナイフ」にあったもので、墜落した機体から脱出する時、胴体やキャノピーを切り裂くためだ。木を切るには鈍すぎる。近年はカッティングエッジが波刃のものがあるが、こちらはロープなど、食い込みにくいものを素早く切断するため。つまりはカモの嘴の「すり切る」のに近い使い方だ。切断面はきれいにはならないので、料理や鉛筆削りには向かない。いかにもタクティカル（特殊部隊）っぽい見かけではあるが。

なお、中生代白亜紀にいたヘスペロルニスという海鳥には歯があった。アイサのような嘴のギザギザではなく、まっとうな歯だと考えられている。この時代、すでに歯を失った鳥もたくさんいたので、一度失った歯がこの仲間で新たに進化したか、もしくは、歯を残したままの系統の生き残りだったか、どちらかであろう。ちなみにこの鳥、翼がごく小さいので、飛べなかったと考えられている。ガラパゴスコバネウという飛べないウがいるが、おそらく、そんな感じの鳥だったのだろう。キャプテン・ハーロックの肩に止まっているトリさんにも似ているが、松本零士氏によると近所の家で飼われていた大きな鳥がモデルだとのことなので、あれはヘスペロルニスではなかったようだ。

食べる時のお作法いろいろ

さて、人間のテーブルマナーとはいちいち面倒なものであるが、動物にもそういったマナーはあるだろうか？

もちろん、動物にはお行儀というものはない。だが、天上天下唯我独尊と言えるほど傍若無人なものでもない。例えばカラスにだってルールはあり、とある公園でビールの空き缶を見つけたカラスを観察した時は、なかなか面白かった。このハシブトガラスは飲み口に目を当てて覗き込み、それでは中が見えないので足で踏んで嘴でコンコンとつつくと、大きく嘴を振りかぶった。そして、勢いをつけてガッツンと缶を叩いた。ガッツン、ガッツンと音を立てて叩きつけた3回目か4回目に「ボコッ」と音がして、アルミ缶に穴が開いた。嘴をこじったり、噛みついて引き剥がしたりして大きな穴を開けたカラスは、中に何もないと納得して、去って行った。

面白いのはここからだ。この騒ぎに気づいて、5羽ほどのハシブトガラスが集まって来た。そして、最初の個体が飛び去るとチョンと近づき、右を見て左を見て、「誰も行きません、よ、ね?」と言わんばかりに周囲を伺ってから、中を覗きに行くのである。もし自分より強い奴がいるのを見逃したら攻撃されるからだろう。2番目も納得して飛んで行くと、3番目が行く。非常に面白かったのだが、最後には空き缶ごと持って行く奴が出てきそうなので、4羽目まで観察してから私が近づいて、空き缶をサンプルとして拾っておいた。

それ以外にも、ペアのカラスが一緒に何かを食べる時は、「クワッ」「グワア」というような特有の音声のやりとりがある。もちろん、1羽で食べる時は「いただきます」なんて言わないから、同席して餌を食べる相手とのコミュニケーションだと思われる。非常に律儀にやるようなので、抜かしてはいけない、あるいは自動化されていて抜くことのできない行動手順なのだろう。

カラスはペア同士でも、餌のこととなると遠慮がない。求愛給餌なら「はい、あげる」

と餌を差し出すが、そうでなければパートナーを追い払って餌を独占しようとすることさえあった。そういう激甘と塩対応の間で揺れる関係性であれば、一緒に食べることを認める信号というのも必要だろう。

ただし、カラスが積極的に餌を分配するかどうかは微妙だ。もちろんペアや親子の場合、相手が死ぬと自分の遺伝子が次世代に残らないので、必然的に餌をシェアしてでも大事にする。だが、それ以外の相手にまで親切にするかというと、かなり難しい。社会を円滑に保つために分配を繰り返し、誰もがある程度は食べられるようにする、という工夫は、どうやら人間特有なようだ。チンパンジーにおける肉と交尾の交換らしき例はないこともないが、肉を共有するコミュニティ内の雌雄が交尾する例が多い、という程度のものである。直接「この肉をやるから付き合え」といったものではない。

獲物の積極的な分配の例は狩猟採集民にはいくつもあり、血縁者に分配するだけでなく、「その日一番に起きて火を起こしたものには分配」「この獲物を捕った矢はあいつが作ったものだから、そのお礼に分配」など、とにかく獲物を分配したがる。で、もらった人はさらに私的な分配、つまり「お裾分け」をしていくので、結局は誰もが幾分かの肉をもらえるのだそうである。かくして、掟として決められた一次分配の後の二次、三次分配によって、それなりの平等性が保たれる。

この行動の説明について、生物学的なアプローチがなされたことはあるが、あまり成功していない。例えば、サン（いわゆるブッシュマン）はフルタイムで狩猟採集を行えばざっと2倍の収穫が得られるのに、「昨日捕った獲物がまだ残っているから今日は猟に行かない」などの理由をつけて、仕事を減らそうとする。働きすぎは社会的によろしくないこととされていて、どうやら、狩りの成功という威信を一人の人間に集めないようなシステムが出来上がっているらしいのだが、行動生態学的に考えれば、ちょっと妙な話だ。動物の繁殖で言えば、ばんばん餌を捕ってどんどん注目を集め、栄養状態良好なモテモテになるのが成功への早道だからだ。まあ、働きすぎて妬まれると殺される、とでもいうなら別だが。ということで、動物たちの採餌行動は人間のそれとはかなり違い、マナー的なものはほとんどない。効率よく食べる、それが全てである。

とはいえ、カラスについて言えば、マナーというより「食べ方の工夫」だが、いくつか面白い行動は見られる。中でも、知られてはいるがあまり調べられていないのが、餌を水につける行動だ。

彼らはいろんな餌を水に浸してから食べる。パン、ご飯粒、せんべい、ビスケット、そういったものを水に放り込んでから引っ張り上げて食べていることもある。確かに、パッサパサに乾燥したパンや、一口では食えないがつついたら砕けてしまうビスケットなどは、水に浸して柔らかくするのが良い方法だと思われる。ご飯粒やオニギリになるとよくわからないのだが、粘性があってペタペタするのが嫌なのかもしれない。

さらに、カラスは雛に餌を与える時、餌と一緒に水を喉に入れていき、おかゆ状態で雛の口に流し込むことがある。特に暑い時期によくやっているので、これは純粋に水分補給だろう。鳥は汗をかかないが、呼吸器の表面から水分を蒸発させて熱を逃がしているので、暑いと水を失うのは事実だ。なお、ワタリガラスの雛はほぼ水を飲まないという研究もある。大量の脂肪を与えられているので、脂肪を分解して代謝する時に出る水だけで十分らしい。ただしこれは北米メイン州での研究なので、気候が違えば行動も変わるかもしれない。

また、手に負えないほど硬いものも水に放り込むことがある。大学院の時、先輩が「非常に面白いものを観察した」と教えてくれたのは、校舎の裏の駐車場の水たまりにやって来た一羽のカラスについてだった。ちょうど正月明けで、餅が捨ててあったのだろう、カチンコチンの餅をくわえて来て何度か嘴で叩いた後、水たまりに餅を投げ込んでしばらく待っていたのだという。先輩いわく、「解釈は二つある。一つは柔らかくしようとした。もう一つは、水餅にして保存しようとしていた、というものだ。もし保存してるんだったたらカラスはホントに知能が高い」と説明したが、まあ、後者は冗談であろう。

だが、意図的かもしれない水漬けも、見たことはある。

京都の下鴨神社でのことだが、大きな倒木の幹（直径1メートル以上はあった）の割れ目にたまった水に、ハトの風切羽が落ちているのに気づいた。水中から突き出しているとは珍しいな、と思って何気なくつまんで引っ張ったら、風切羽どころか、ドバトが丸ごとくっついてきた。頭を落としたハトの死骸を、水たまりの中に隠してあったのである。水たまりはプランクトンが発生して緑色に濁り、沈んでいるものは全く見えなかった。隠し場所として悪くはなかったのである。そこはあるハシボソガラスの縄張りだったから、おそらく、そのペアのどちらかが隠したものと思われた。

それだけなら、偶然ということもある。だが、大学の実習農場でも、似たようなものを見た。その時は木の幹ではなく、ビニールハウスだった。使っていないハウスのビニールを左右から巻き上げ、真ん中へんに寄せてあったのだ。その、弛んだビニールに雨水が溜まり、すっかり池ができて、これまた緑色に濁っていた。ちょうど私が観察していた一羽のハシブトガラスがビニールハウスのてっぺんに止まり、おや、水を飲むのか、それとも水浴びか？　と思っていたら、中からドバトの死骸を引きずり出したのだった。この個体は半分くらい食べてあったドバトからさらに肉をひきちぎって喉袋に貯め、ハトは再び水に沈めてから、雛に餌を与えに行った。

この行動を見ていると、どうやら濁って中の見えない水というのは、貯食の際の落ち葉などと同じ、「見えないように隠す」という意味があるのだろう。だが、貯食としては水の方が良い点があることはある。

それは、水中だと匂いが拡散しづらく、嗅覚を使う捕食者を呼びにくいだろう、ということだ。大きな死骸を、カラスが掘れる程度の浅い穴に埋めたのではそもそも隠しきれない。また、落ち葉を被せた程度では臭いを遮断できないので、嗅ぎつけられたらすぐ見つかってしまう。そう考えると、適当な深さを持ち、中が見えない濁った水の中というのは、悪くない案である。


最後に、食後のマナーについて。カラスの場合、食べ終わった後で嘴を枝などにこすりつけて拭くのだけは忘れない。死骸を食べることもある鳥だから、最も汚染されやすい嘴を清潔に保っておく必要があるのだろう。水浴びの時も、まず嘴と顔を水に突っ込んでジャブジャブと洗っていることはよくある。

PART

3

鳥 × メカニズム

鳥の体と行動学

CHAPTER

8 鏡よ鏡

人間と鏡

鏡、とは不思議なシロモノである。鏡に映った像は左右が逆転するのに上下は逆転しない。どうして？　と考えると一瞬、混乱しないだろうか？（実際には逆転しているのは前後の位置関係で、上下左右は変化していない。「向かい合った人の左手は自分から見て右」と思えばいい）

鏡はかつて、黒曜石や金属を磨いて作られていた。現在の鏡はガラスの裏に金属を蒸着して作られている。平面ならなんでもいいのだが、ガラスは平滑、かつ安定した物質だから都合がいい。なにより光を透過するので、ガラス面から入った光を反射させることができる。いわば銀メッキの上にガラスのカバーが密着した状態なので、メッキ面が痛みにくい。むき出しだと、反射面に傷がついてしまう。

さて、鏡は昔から魔力的なものとされてきた。古代においては、人の絵姿には魂が宿ると考えられ、人間を描くのは呪術とみなされていた。名前もそうだが[*1]、似姿は自分の本性のコピーであり、うっかり漏らすと操作されてしまう、という感覚が強かったようだ。人物画が芸術として認められ、自由に描けるようになるのは中世から近世以後である。

そんな中で、全く見たままを映し出す鏡が、絵よりも呪術的なものとみなされたのは当然かもしれない。卑弥呼は銅鏡を提げていたというし（これは太陽の代わりという意味もあったろうが）、神社にも鏡が祀られている。西洋でも魔法の鏡は定番だ。

実際、鏡には奇妙な効能があることが２００７年の研究で報告されている。鏡を前にして食事した方が、満足度が上がり、かつ食べる量も増えるというのだ。

この実験結果は、たとえ鏡に映った自分の像でも、誰かがその場にいた方がメシはうまいのだ、と解釈されている。もちろん人間の理性は「それは鏡像にすぎない」と理解して

＊1　幼名だの通名だのをいくつも使い分け、真名（マナ）は家族や結婚相手にしか教えない、ということはよくあった。名前を知られると呪に縛られるという描写は夢枕獏の『陰陽師』シリーズにたびたび出てくるし、阿部智里の『烏に単衣は似合わない』にもそういうくだりがある。平安時代の貴族が幼名としてわざと「つまらないガキ」みたいな名をつけたり、「一の姫」のような意味を持たない名で呼んだりしたのも、悪霊や悪者に目をつけられないためだそうである。

いるが、無意識的な部分で、誰かが同席しているように見えることを喜んでいるのだろう。ヒトは集団性の動物だから、ひとりぼっちで何かを食べるということは、元来あまりなかったはずだ。*2

鏡に対する鳥たちの反応

このような、「鏡があった方が安心」という例は、意外なところで使われることがある。動物園のフラミンゴ舎である。

フラミンゴは人気のある動物だが、動物園で飼育しているとなかなか繁殖してくれない。気候や栄養条件は悪くないのに、なぜだか彼ら自身がその気にならないのだ。

理由は、個体数にある。フラミンゴは大集団を作り、集団営巣する鳥だ。周囲に非常に多くの個体がいないと、繁殖を開始しないようになっている。ところが、動物園に収容できる個体数には当然、限りがある。原産地のように、見渡す限りのフラミンゴなんて状況は実現できない。

そこで、ケージの一角を鏡張りにし、見かけだけでも数が2倍になるようにしたところ、フラミンゴが繁殖を始めたという例がある。当然、鏡像は声も出さないし触ることもできないのだが、視覚的に「いっぱいいる」という刺激だけでも行動を誘発するトリガーになるのだ。

また、セキセイインコは鏡に向かって餌を吐き戻していることがある。これは求愛給餌で、鏡に映った自分を他個体だと思って口説いている状態である。まあ、鏡相手なら迫っても怒りも逃げもしないから、求愛がエスカレートしやすいのかもしれない。とはいえ、餌乞い姿勢や音声など、定型的な信号のやりとりが必要な場合は、鏡相手ではうまくいかないだろう。例えばカラスの求愛給餌ではオスが「かららら」とうがいのような声で鳴く

*2 この研究では人類学、心理学の面から考察しているが、生物学的に言うと、採餌の時に集団になることは対捕食者戦略としても有効である。例えば地面をつついている鳥の場合、餌に集中することと周囲を見張ることは両立できない。よって、頭を下げて何かをつまんでいる間は無防備になる。ところが、複数の個体がいる場合、自分が頭を下げている間に誰かが周囲を見ていてくれる可能性が高まる。捕食者に気づけばそいつが逃げるはずだから、一緒に逃げ出せばいい。

もちろん、これはみんなで分担を決めて見張りシフトを組んで……というようなシステマティックなものではない。適当に顔を上げたり下げたりしているはずなのだが、それでも「安心しすぎて誰も顔を上げていない」というほどにはならないのが面白い。

というわけで、集団が大きくなるほど「自分が餌を食える時間」は長くなり、集団全体として「少なくとも1個体が周囲を警戒している時間」も長くなるので、集団を作った方がより安全に、たくさんメシが食える。

と、メスが姿勢を低くして、半開きにした翼を振りながら「アワワワ」と答える。インコの場合はこういったやりとりが必要でないか、もしくは、口説きたい一心で細かいところはガン無視しているか、である。

いや、こういう生得的に決まっているであろう部分までガン無視できるなら、それはそれで凄いのだが、鳥はああ見えて「細けえこたあいいんだよ！」的な態度をとることもある。ローレンツの飼っていたスズメはローレンツの上着のポケットに入って「いい巣穴を見つけたからお前も入れ」と誘ったという。また、ニシコクマルガラスはミールワームをくわえてきて、ローレンツの口元で「はい、あーん」とやった。さすがに食う気になれないローレンツが横を向くと、「あ、こっちが口だったのか」と耳の中に押し込んだそうである。

一方、鏡を見ると安心しない鳥も、よくいる。

代表的な例がセキレイである。セグロセキレイでもキセキレイでもハクセキレイでもいいのだが、彼らは都市部にもいる鳥なので、カーブミラーや車のバックミラーなど、鏡に出会う機会がある。特に、昔の車はドアミラーではなくフェンダーミラーを装備していたので、鳥は車のボンネットに飛び乗って鏡を見ることができる。こういう時、セキレイはどうするか。

体を膨らませて決然と歩み寄り、口を開け、フェンダーミラーを回り込んで後ろを覗く。それから戻ってきて、また鏡に向かって口を開ける。これを繰り返し、しまいにはミラーをつつく。あるいは飛び上がって蹴り飛ばす。さらに体当たりする。

要するに、セキレイは鏡に映っているのが自分だと理解していない。鏡に映るのは他個体だと信じているので、ミラーに相対した場合、まるでもう1羽のセキレイが真正面にいて、こっちを見ているように感じるはずだ。自分のテリトリーに他人がいる！ と判断して羽をふくらませて威嚇すると、生意気なことに相手も同じように威嚇し返してくる。口を開けても同じだ。どんなに脅しても、決して逃げずに同じように脅してくる。かくして闘争はエスカレートし、最後は実力行使に至るのである。

これはセキレイだけではない。ジョウビタキもしばしばやる。セキレイと並んで縄張り意識が強く、あまり人を恐れず、しかも民家周辺によくいる鳥なので目につきやすい。

カラスもご多分に漏れない。ミラーガラスで覆われたビルの窓をコツ、コツと叩いているカラスを見ることがあるが、あれもおそらく、反射した自分の姿を他個体だと勘違いしている（ただし、この場合はあまり過激な喧嘩をやらない）。だが、一度、山の中でプレイバックをやった時に飛んできたハシブトガラスは違った。プレイバックというのはカラスの声をスピーカーから流して反応させる調査法なので、飛んできたカラスは完全に「今鳴いた奴はどこじゃー！」状態にある。その興奮の中で、カーブミラーに映った自分の姿を見てしまったから、さあ大変だ。カラスは進路を変えるなり、ものすごい勢いでミラーに飛び蹴りを喰らわせた。それも一度ではなく、少なくとも3回は蹴り飛ばしたはずである。正確に言うと、「ボウン」という妙な音がするので何かと思ったら、ミラーに体当たりをかましているカラスで、その音も含めて少なくとも3回はやった、という意味だ。

鏡を見せると怒るのは鳥だけではない。猫も怒るし、ナワバリ制の強い魚も怒る。接近すれば向こうも迫ってくるし、威嚇すれば全く同じように威嚇してくるので、攻撃行動がエスカレートしやすいのである。もう一つ、鏡を見た動物は、多くの場合、鏡の後ろを覗き込もうとする。だがそこには誰もいない。おかしいな、と戻ってくると、また敵が現れる。非常にいらだたしい状況ではある。

認知能力と鏡

ところが、鏡を見ているうちに「これは鏡に映った自分だ」と気づく動物もいる。筆頭は人間だが、チンパンジーにもできる。見えないところにこっそり汚れを付けておくと、鏡を見てそれに気づき、汚れを落とそうとするからだ。

まあ、チンパンジーがこれをやるのはいいだろう。なんといっても人間に最も近縁な動物の一つだ。だが、イルカも同じように鏡像認識ができる。ふむ、鯨類はとても賢いから不思議ではない。それから、ゾウもできる。いやいや、ゾウは仲間の死を悼むというくらい、利口な動物だ。それくらいできてもおかしくはないだろう。

ああ、そうだ。ハトもできる。イカもできる。ホンソメワケベラという魚も、できる。ハトのあたりで「はあ?」になり、イカと魚で完全に「?・?」になったのではないだろうか?

ちなみにイカの場合、チンパンジーの挙動とはちょっと違う。

イカの場合は、「鏡像相手と本物のイカ相手では、出会った時の行動が違う」ということはわかっている。少なくとも「誰か他人がいる」と頭から信じ込んでいるわけではなさそうだ、という話だ。鏡像は光を反射するだけで、自律的に動くわけではないし、音や化学物質も出さない。よって、「あれ? こいつ仲間かと思ったらイカの匂いしねえじゃん」といった理由で反応が違うのかもしれない。その辺を考慮する必要はある。

ホンソメワケベラの場合は、チンパンジーと全く同じ行動を見せた。鏡像を見て何か付いているのに気づくと、石にこすりつけて落とそうとしたのである。

これはかなり驚いた。魚の体の汚れって? と思ったが、魚の体に妙な何かが付着しているとしたら、外部寄生虫の可能性がある。ウオジラミなど、体表にくっついて吸血する動物は多い。そういった厄介者をこすり落とすのは意味があるだろう。

ただ、ちょっと疑問に思ったのは、これは本当に「自分を認識している」ことになるか？という点だ。集団生活をしている場合、誰かが寄生されていたら、自分にも同じような寄生虫が付いている可能性があるのではないか。すると、「あいつの体になんか付いてるから、俺もちょっとこすって落としておこうかな」という習性かもしれない。それならそれでどういう認識でどういう意思決定をしているか興味深いが、「あれは自分だ」という鏡像認識はできていない可能性が残る気がする。この辺りは今後の研究を待ちたい。

それはともかく、ハトも鏡像認識ができるようだ。もう一つ、カササギも鏡像認識ができるという研究がある。そして、カササギはカラス科の鳥だ。カラスの仲間にはちゃんと鏡像認識ができるものがいるのに、ハシブトガラスにできない、だと？

この辺り、動物の知能はよくわからないのである。

ただし、一つ注意しなければならない点がある。動物の知能を測る場合、「これはなんだと思いますか」と直接聞くことはできない、という点だ。実験して、行動から推し量るしかない。

問題はハシブトガラスがとにかく攻撃的な鳥だ、ということである。彼らは明確な縄張りを持っているし、集団内でも厳密な順序を保っている。見たこともない、しかも態度のでかいよそ者（自分の顔を見たことはないはずだから、鏡に映っているのは見たこともない相手と判断するはずだ）に対してはまず、威圧的な態度に出る可能性がある。その時、相手が服従的な態度を取らなければ、カラスは喧嘩によって上下関係を決めようとする。つまり、頭に血がのぼる方が先で、「はて、こいつは何か妙だ。ひょっとして自分ではないか」などと冷静に考えない、のかもしれない。

この「鏡に喧嘩を売る行動」については慶應義塾大学（当時）の草山太一らによる面白い研究がある。ハシブトガラスの正面に鏡を立てた場合、カラスは鏡像を威嚇し、後ろを覗き込み、戻って来てはまた威嚇する。では、水平に、つまり地面に置いた場合は？

この場合、カラスの攻撃頻度と強度は低下した。つまり、自分の腹の下にカラスの腹が見える場合、正面にいる時ほどは怒らないのだ。このことから、鏡像の見え方によってカラスの反応は変わる、ということがわかる。

とはいえ、地面に置いた鏡の上に立っている、という状況は異常といえば異常だ。正面切ってこっちを睨みつけてくる相手はこれから喧嘩する気満々だろうが、足元に誰かの腹が見える、というのは喧嘩のシチュエーションではない。それどころか、普通はそんな状況に直面しない。あるとすれば、相手をぶっ倒してその上に乗っかっている状態である。カラスがそんなことやるのか？　と思われるかもしれないが、若いカラスが群れの中で喧嘩をした場合、最後に行き着くのはこの体勢だ。負けた方は仰向けに転がり、勝った方はその上にのしかかるのである。しかも、この状態になると攻撃行動が一瞬止まる。

もう一つ考えられるのは、足元にある水面に自分の姿が反射している場合だ。水面に映る像くらいは、普段から見ているだろう。それが何であるかはわかっていないかもしれないが、少なくとも悪さをしないことは認識していてもおかしくない。だとすると、特に攻撃を誘発するものではないのかもしれない。もし同じように喧嘩をするなら、カラスは水を飲もうとするたびに水面を威嚇

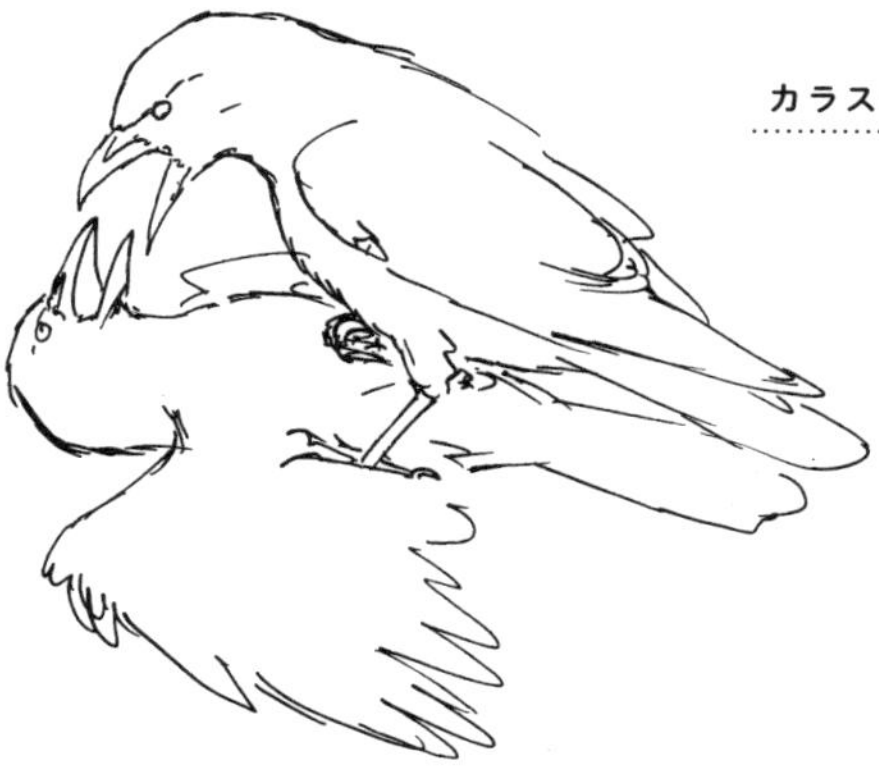

カラスの闘争

しているはずだ。もちろん、そんなことはやらない。

その「実像」により近づくために

鏡像認識に限らないが、動物の認識や知能を考える場合、人間の考えを反映してしまっているかもしれない、という点が厄介である。人間はどうやったって自分の認知能力を通してしか世界を把握できない。もちろん、あれこれ可能性を考え、実験によってその可能性を検証して、理論的に考えることはできる。だが、そこについ、自分の常識的な判断が紛れ込んでしまう危険は、常に認識しておかなくてはいけない。

かく言う私だってさんざんカラスを擬人的に表現している。単なる表現として比喩的に書いている場合も多いのだが、やはり、読者に誤解を与える可能性はある。といって絶対に誤解しないような書き方をするとまんま論文になってしまい、誰も読みたくない難解な文章になるわけだが……。[*3]

*3　節足動物の研究者はこの辺の説明が冷静である。ダニの研究者にはカラスの行動の説明が非常に擬人的に見えるらしいのだが、これは説明の仕方というより、脊椎動物であるカラスのやることはダニと比べれば極めてヒトに近い、と言った方がいいような気がする。

ただ、野外で動物を観察している場合、「あ、こいつ絶対こう考えたでしょ」と思いたくなる状況は確かにあって、これは観察者の感覚として、一概に無視することはできない、とも思う。それをどう客観的な観察データに落とし込むかが大問題なわけだが、最初に感じる感覚的なものを無視しすぎると、たぶん、観察自体が成立しにくい。データを取るにも仮説が必要で、その仮説の根幹は感覚的なものであったりすることもあるからだ。

例えば、私が昔研究したハシブトガラスとハシボソガラスの行動の違いがある。この2種は地上に滞在する時間がずいぶん違い、ハシブトガラスは地面が嫌いなのだが、最初に気づいたのは「ハシブトガラスってなんでこんなに追跡しにくいんだ?」であった。逆に言えばハシボソガラスは非常に追跡しやすい。繁殖している個体を追跡していると、徒歩で追いかけて観察を続けられるのだ。

その理由は、ハシボソガラスが地面をテクテク歩いてくれるからである。飛ぶとしても一気に長距離は飛ばない。対して、ハシブトガラスはちっとも地面に降りてこないし、木から木へ、次は道路の向こうの電線へ、それから川を飛び越えて対岸へ、とどんどん移動してしまうので、追跡がひどくやりにくいのである。あそこで「こいつ地面嫌いなの?」と思わなければ、データの取りまとめの方向性をつかむのにもう少し時間がかかったはずだ。

だが、例えばカラスが仲間の死骸を前にして鳴いているのを「仲間の死を悲しんでいる」と判断するのは、ちょっと行き過ぎだろう。死という抽象概念を理解するのはかなり難しい。

我々は人の死を悼み、二度と会えないことを知って涙を流す。だがカラスにそういう感覚や理解があるかどうかはわからない。

動物に葬送の概念がない、と言い切ることはできない。例えばアフリカゾウは何年も前に仲間が死んだ場所に戻ってきて、そこに落ちている骨に鼻で触れたり、持ち上げたりすることがある。だが、子供の死骸を抱えて持ち運ぶ母ザルなどの場合は、実際に見ると本当に胸の痛む光景ではあるが、「死を悼んでいる」とは言い切れない。単に「死が理解できず、生きているかのように扱っている」だけのようにも見えるからだ。他のサルも死んだ子ザルを毛づくろいしていることがある。

一方、カラスの葬式と呼ばれる行動は実際にある。カラスが仲間の死骸を取り囲み、大声で鳴き騒ぐ行動である。だが、これは一種の野次馬であると考えることもできる。また、もっと実際的な行動とも考えられる。カラスの場合、仲間が死んでいるということは捕食者がそこにいる可能性があるわけで、みんなで大騒ぎしていれば犯人が逃げ出すかもしれない。そうすれば、その場は安全になる。もし逃げ出さなくても、犯人が姿を見せれば、「あいつは敵だ」と記憶することができる。これも次から警戒するために重要なことだ。

実際に、ニシコクマルガラス[*4]はカラスの死骸に見えるものを持っている相手を敵認定する。コンラート・ローレンツはニシコクマルガラスを自宅の屋上で繁殖させて観察していた（ということはカラスたちとは顔見知りである）にも関わらず、黒い水泳パンツを片手に持ってブラブラさせていたら攻撃されたという。ハンターが射獲したカラスを持っていたり、処理していたりしてもカラスは大騒ぎする。私はイエガラスのコロニーで羽を拾ったら、それだけで10羽以上のカラスが集まってきて、私の頭の上を鳴きながら飛び回った。

ただし、ここで注意してほしいのは、「実際的に役に立つ行動だから、別に悲しんでいるわけではない」とは言えないことだ。悲しむことと役立つことは両立する。我々だって亡骸を埋めたり焼いたり流したりして葬るのは、住居の衛生状態を守るためだ、とも言えるのである。つまり、「行動が何の役に立つか」と「その行動をしている本人はどういうつもりか」は別だ、ということだ。

にしても、カラスは単純に人間のように死を悼んでいるのではなさそうだ。そう考える理由は、彼らは共食いも行う場合があるからである。といって、生きている仲間を殺して食べたというわけではない。死んでいる仲間を食べた例がある、というだけだ。

だが、これは大いに矛盾した行動である。仲間が死んでいると遠巻きにして大騒ぎし、仲間を襲った相手を敵認定するのに、自分が当の死んだ仲間を食べてしまうのである。むちゃくちゃだ。

この点については研究もないし、私も明確に観察したことがないので、結論は出せない。ただ、もしかしたら？　と思うことが一つある。古株のバードウォッチャーに「カラスは誰かの食べかけでないと共食いしない」という意見を聞いたことがあるのだ。

食べかけ、つまり破壊されて肉が見えている状態、ということだ。人間の感覚では、切り開かれていようが損壊されていようが遺体は遺体だが、カラスは違うかもしれない。というのは、鳥は一般に、自分が抱いている卵が割れた途端に「これは自分が抱くべきものではない」と判断するからである。割れれば捨ててしまうどころか、食べてしまうことも多い。卵の丸い形に反応しているだけで「割れても卵は卵」という理解がないのか、それとも「割れた卵はもう死ぬしかないから、そんなものに関わっているヒマはない」という

＊4　最近、コクマルガラスとニシコクマルガラスは*Corvus*属ではなく*Coloeus*属になってしまった。カラス科ではあるが、カラス属ではないのでカケス、カササギなんかと同列。とはいえ、カラス属に最も近い「ほぼカラス」だとは考えられている。

超合理的な判断なのか……　いずれにしても人間には理解しにくい感覚だが、鳥は実際にそういうことをやる。

となると、「誰かの食べかけでないと共食いしない」のが本当なら、ほぼ無傷のカラスと解体されかけたカラスは、カラスにとって別モノ、ということもあり得るように思う。これを知るには、さまざまな段階に「さばいた」カラスをカラスに見せ、反応を調べればいい。つまりは、「仲間」と「うまそうな肉」という二つの認識が切り替わるポイントはどこか、ということである。

なお、カラスの「葬式」について、さらに奇妙な観察がある。彼らは死骸に近づいて、上に乗ることがあることが報告された。

これは交尾のように見える動作だ。なんだか別の意味でマニアックな話題になりそうだが、別にカラスにそういう性癖がある、というわけではないだろう。おそらく、相手がうつ伏せのまま翼を半開きにしているという視覚刺激が、なんだか変な方向に働いているのだと思う。実際の交尾行動の場合、メスは体を低くし、翼を半開きにし、オスに尻を向けて尾羽を上げ、左右に振る。尾羽を振る動作は死骸にはないが、ダラッと翼を開き気味に地面に落ちている死骸の姿勢が、何かのスイッチになっているのかもしれない。ただ、実際にどうなのかはカラスに聞くしかない。

動物の行動の解釈というのは、しばしば、それ自体が人間の心情を写す鏡になってしまうことがある。動物に何か教訓めいたものを感じ取るのは自由だが、それが行動の説明そのものではない。猛禽は勇猛、豚は貪欲、猫は怠惰……そういった単純化されたタグ付けが、生物学的にはさして意味がないのと同じである。猛禽はカラスに絡まれても逃げて行くし、豚は大変に綺麗好きだ。猫は……確かにめんどくさがりな気はしないでもないが、猫様だから許されるであろう。

CHAPTER

9 鳥を捕まえる

発明の裏に「本気」アリ

動物を捕まえてみたい、というのは、「空を飛びたい」と同じくらい根源的な欲求であるかもしれない。善悪や是非は別として、まるで猫のように何かを捕まえたくなる気持ちは人間にもある、ような気がする。釣りや虫捕りは田舎の子供たちには今も人気だ。まあ、その辺は人によると言えばそれまでだが、私は子供の頃、「死ぬほど経験した」派であった。[*1] ポケモンを探して街をうろつくのも、それに通じる部分はあるのではないか。

動物を捕まえる方法は様々である。人間は太古から、動物を捕まえてきた――が、ここで弓矢とか投げ槍を思いついた方、確かにそれは絵にはなるが、決して効率的な方法ではない。まず、弓矢は照準が非常に難しい。射程距離も思ったより長くない。威力と射程の大きな長弓は射るまでに時間がかかるので、速射にも向いていない。[*2] あと、矢は非常に「高価な」品である。まっすぐな矢柄を用意し、細工を施し、石を打ち欠いた鏃を取り付け、後ろには矢羽を取り付ける必要がある。矢羽も、それを固定する紐も、全て自然の中から取ってくるのだ。

ということで、失中してどこかへ飛んで行ってしまった場合、非常に損失が大きい。また、仮に命中しても、矢の威力などたかが知れている。いや、もちろん矢を射かけられるのは遠慮するが、現代のハンティングの感覚でいう「即死」に至らしめる威力が常にあるかといえば、これは疑問だ。よほど見事に急所を射抜けば別だが、実際には手負いの獲物を追って捕まえることも多かっただろう。第一、狩猟民がしばしば毒矢を使うのは、

*1　死ぬほど、はあながち冗談でもない。小さい時にヤマカガシにがっぷり噛まれたことがあり、もし大量に毒が入っていれば命の危険もあった。

*2　弓矢の力学は非常に複雑だ。和弓を例にすると、弓の右側をこするように矢が通るため、矢は必ず右にそれて飛ぶ。それだけでなく、矢が弓と接する場所で曲がるために、蛇のように振動しながら飛ぶ。しかも弓の中心より下で構えているので、矢は上に行こうとする。ごく単純に言うと、弓を左下にねじり下げるようにしないと矢はまっすぐ飛ばないし、それどころか弦に叩かれて耳を持っていかれる。なお、和弓は世界的に見ても長大な部類で、威力も大きい。

弓矢だけでは仕留められないと言っているようなものだ。

ちなみに現代の銃猟で十分な威力のある弾薬を使う場合、ちゃんと当たれば文字通りの即死である。[*3]

槍も同じだ。槍をまともに飛ばすには相当な訓練が必要で、正確に命中させるとなると更なる訓練がいる。おまけに、振りかぶって投げる、といった大きなモーションは間違いなく動物に気づかれるから、投げる前に獲物は向きを変えて逃げ始めるはずだ。となると、気づかれないほど遠くから、正確に打ち込まなくてはいけない。[*4] 相手が巨大な獲物だとなおさらだ。原始人というとマンモスを狩っているイメージがあるが、彼らは一発でマンモスを仕留める武器を持っていなかった。落とし穴に誘導して死ぬまで槍や石を投げつけたり、相当にキツい仕留め方だったはずであるし、怪我人も出ただろう。

個人的にやってみたいのはボーラである。発祥は東南アジアとかいう話だが、似たものは各地にある。構造はいたって単純、2つ、あるいは3つの石を紐で繋いだだけのものだ。これを振り回して、相手の足を狙って投げつける。紐が足に当たると、両側の石がグルングルンと足に巻きつき、うまくいけば左右の足をくくり合わせてしまうので獲物は地面に倒れる、という仕掛けである。

スポーツにもなっているブーメランは有名だが、投げた後で手元に戻るタイプは武器ではない。実猟用、もしくは戦闘用の打撃武器としてのブーメランは投げても戻って来ない。というか、そんなものが戻って来たら自分が危ない。

昔、オーストラリアに行った人から、長さ40センチほどの木製の本物のブーメランを土産にもらった。そこで、これを広場で投げてみたことがある。さてここで質問。ブーメランの投げ方を知っていますか？

漠然と握って水平に振って飛ばしてみたところ、ブーメランはそのまま地面に落ちた。はて？と思って形状をよく観察したら、回転方向が逆だったことに気づいた。左右の翼がちゃんと翼断面形状に削ってあるので、これに合うように投げなければいけない。ブーメランは、構えた時に翼が前向きに折れ曲がるように持つとわかった。

＊3 基本的にはハート・アンド・ラング・エリア（肺と心臓が重なる部分）を狙い、循環器系を一発で破壊して動けなくする。ここが狙い難ければ頭か首。もっとも、そう簡単に狙えるわけではないことも、ヘミングウェイが『フランシス・マコーマーの短い幸福な一生』の中で描いている。

＊4 槍の威力と射程を伸ばすため、投槍器という道具を使って飛ばすことがあった。投槍器は靴べら、あるいはパンプスのような形で、槍の後端を引っ掛けて保持したまま、手首のスナップを効かせて飛ばすようになっている。どんなものか知りたい人は『ＭＡＳＴＥＲキートン』（小学館、浦沢直樹）を読もう。

その状態で投げたら、今度は急上昇しながら明後日の方向に飛び、それから垂直に落ちて来た。まるで上昇するヘリコプターだ。そこでブーメランの裏に貼ってあったシールをよく読んだら、垂直に構えて投げろとある。へ？

騙されたと思って垂直に構えて「えい！」と投げると、ブーメランは思わぬ挙動を示した。飛びながら徐々に回転面を水平に戻し、その状態からグイン！ と上昇するとくるりと弧を描き、今度は降下する勢いで加速しながら、まっすぐにこっちに戻ってきたのである。ブーメランは「こっちの方に」戻ってくるなんて生易しいものではなく、目でも付いているように、投げた本人を狙って戻ってくる代物だった。私は自分が投げたブーメランに頭をどつかれそうになり、慌てて飛び退いた。アボリジニたちが長年考え抜いただけあり、シンプルに見えて非常によくできた道具であった。

同様にフンガムンガも興味はあるが、これはちょっと、色々と問題があるのでやめておこう。フンガムンガというのは中央アフリカのブワカ族が使う投げナイフであるが、長さが40センチばかりあり、くの字、への字を組み合わせたように枝分かれした刃が何本もつき、しかもそれぞれが両刃なので、もうどこを取っても間違いなく銃刀法違反になる。ぶん投げると重心点を中心に回転しながら飛び、どう当たっても刺さるか切れるかする仕組みだ。

このように狩猟本能をかき立てる道具はたくさんあるのだが、一対一で獲物を狙って仕留める獲り方は、狩猟採集生活として考えた場合、大きな欠点がある。自分がその場にいないと始まらない、ということだ。獲るという行為自体を楽しむなら、もちろんそれでいい。だが、生活の一部だと考えれば、狩猟にかかりきりになるのはあまりよろしくない。その点、効率がよさそうなのは、罠である。

罠のいい点は、自分がそこで待っていなくてもいいということだ。おまけに自分は一人だが、罠ならたくさん仕掛けておいても構わない。また、人間の存在を獲物に気づかれる心配もない。罠を仕掛けておいて、その間に山菜や薪を取りに行くのが、効率がいいと思う。

鳥類学と捕獲の深い縁

さて、鳥類学者は鳥を捕獲する。昔は捕まえて標本を作って分類するのが学者の主な仕事だったから、とにかく採集が大事だった。日本の鳥類学の黎明期に活躍した研究者に松《まつ》平頼孝《だいらよりなり》という人がいるが、この人は名前を見てわかる通り、水戸徳川家の直系の子孫で、武門の生まれである。そのため武芸には慣れ親しんでいたらしく、中でも射撃が得意で、これを生かしてずいぶんと標本を集めたらしい。

また、折居彪二郎《おりいひょうじろう》という人もいた。この人はとにかく採集が仕事で、研究者の求めに応じてあちこちに出かけ、標本を採集してくるのだ。大英博物館の研究者の助手として採集に携わったあと、山階芳麿《やましなよしまろ》など著名な日本の鳥類学者のために標本採集に出かけている。射撃も剥製作りも抜群にうまかったらしい。コゲラという小さなキツツキの沖縄産亜種はオリイコゲラと名付けられているが、これも採集者である折居の名を冠したものだ。

そういうわけで、鳥類学と「鳥を捕まえること」は関係が深い。

捕獲方法の中には不思議なものがある。例えば、鴨場での鴨猟。鴨場は皇室の猟場として整備されていたが、今は調査研究のために捕獲が行われている。ただしここでの捕獲は鴨場でしか見られない特殊なもの——完全に設えられたセットピース会戦だ。

鴨場の捕獲場所には細い水路があり、カモが群れている水面からここにカモを追い込む。そして、水路の両側には人が身を隠せるほどの堤防がある。水路が細いため、ここに追い込まれたカモは方向転換もままならず、一列に並んでまっすぐ泳ぐしかない。そこを、堤防に隠れていた人間が網ですくうのである。

カモは次々にやってくるので、1羽のカモに手間をかけている暇はない。そこで、すくったカモをその場に放り出しておき、次のカモをすくう。ただし、この時に翼の重ねを逆にしておくのがコツだ。

鳥が翼をたたんだ時、ある程度翼の長い鳥だと、風切り羽が重なり合う。で、右翼が上になるように重ねるか、左翼が上になるように重ねるかは個体によって違う。そこで風切羽をチョイと握って上下逆に重ねてやると、鳥がいつもの要領で翼を開こうとしても引っかかって開かない。もちろん、落ち着いて翼をたたみ直せば済む話だが、慌てて飛ぼうとしても飛べず、じたばたしている間に助手が捕まえて袋に放り込むくらいの時間の余裕はあるわけだ。

考えてみれば、戦前あたりまでごく普通だった「鳥もち」も不思議な狩猟法である。いや、粘着剤を使って捕まえようというのは、非常によくわかる。ハエ取り紙もゴキブリホイホイも同じ発想だ。だが、竹竿の先に粘着剤を付け、これを振り回して、あのすばしこい小鳥を捕まえるだと? 江戸時代は武芸の修練の一環として、武家の子供にも堂々と許されていた遊びだというが、居合や槍の遣い手でなければ無理なのではないか?

そう思っていたら、田舎育ちの老人にあれは餌付けをして鳥を集めてから使うものだと聞かされた。なるほど、それならまだしも勝機があると思ったが、とはいえ、それでも捕れるものかどうか、私には自信がない。もっとも、実際には餌付けして鳥を寄せ、その周りに鳥もちを塗った止まり木を立てて置いたりもするそうである。

以前、テレビで見て驚いたのはアマゾンの狩猟民の使う吹き矢だ。あんなものが当たるのかと思ったら、彼らは数メートルもある長い吹き矢を操り、枝葉の間をそっと通して、鳥の間際まで筒先を近づけるのだった。その映像では一人の猟師がインコを狙っていたが、なんとそのインコは彼のペットで、吹き矢の練習だという。そんな残酷な、と思ったら、彼は上手に風切羽の間に吹き矢を打ち込み、全く無傷で済ませたのである。

試行錯誤が名人を作る

研究者にも「鴨獲りごんべえ」みたいな、とにかく捕獲が上手という人がいる。ある人は投網でケリを狙うと言っていたが、タモ網でケリを捕まえたという話も聞いた。バッタじゃあるまいし、どうやったのか見当もつかない。

私の先輩はコサギを標識する必要があり、そのためにもう、ありとあらゆる工夫をした。鳥を個体識別するために標識する場合、普通は脚に色付きの足環（カラーリング）か、番号を刻んだリングを付ける。飛んでいる状態で識別したければ、翼にウィングタグを付ける場合もある。どっちにしても捕まえなくては話にならない。

だが、サギは極めて捕まえにくい鳥だ。見通しのよい水辺にいるので、かすみ網になんか絶対にかからない。それではと、くくり罠を作って仕掛けておくと、一歩手前で立ち止まって首をかしげ、ヒョイと避けて通る。水中に沈めれば完全に透明で人間にはほぼ見えない釣糸が見えるらしいのだ。

先輩はいろんな方法を考えた。もう捕まえるのを諦め、バケツに色水を入れて近づき、思いっきりぶっかける案もあった（そうすれば色で標識できる）。だが、これは（普通の水で）試したら自分がずぶ濡れになるばかりで、到底サギには届かないとわかった。水鉄砲なら、という案もあったが、やはり射程が足りず、実行しても護岸を汚すだけに終わりそうだった。エアソフトガンでペイント弾を発射する方法も考えたが、これも射程の不足、サギが負傷する恐れ、ペイントがすぐ雨で流れてしまうだろうこと（洗濯しても落ちないようなペイントではゲームに使えない）、なにより、街なかでエアガンを構えてサギを狙っていたら確実に警察が来る、などの理由で実現しなかった。アメリカのサバイバルゲームで使うような大型のペイント弾をパチンコで撃ち出すのはある程度実用的だと思われたが、その勢いで弾丸を当てると、それこそサギが怪我をしかねなかったし、パチンコを振り回すのもやはり物騒である。

先輩が大学院を卒業した後で実験室を片付けていたら、私物が引き出し一つぶん残っているのを見つけた。その中には強力なパチンコ、水鉄砲、エアガンのカタログ、BB弾、ボウガンのカタログ、リールなどが含まれていた。おそらく、博士論文の公聴会で語られなかったアイディアもたくさんあったに違いない。

結局、先輩の作戦はこうだった。様々な試行錯誤の末、先輩はサギの行動を観察し、彼らが一番よく立っている場所の条件を見極めた。そして、いい感じの中洲に溝を掘ってコサギが来たくなるような水路を作り、サギが止まりたがるであろう石を見極め（彼らは単なる地面より、石の上に乗る方が好きだそうである）、そこから少し離して小魚を置いた。この小魚はわざわざ大学近くの市場でワカサギを買ってきていたらしい。サギは小魚を見ると寄ってくるが、警戒してちょっと手前で立ち止まる。その、ちょうど立ち止まるくらいの位置に、適当な石があるように場所を選んだらしい。

そして、その石の周りにはナイロンの釣糸で作った輪っかが、砂に埋めてある。釣糸は20メートル以上伸びて、河岸のアシの茂みへ。そこにはウェーダーを履いた先輩がいて、茂みに隠れながら水中にしゃがみ込み、「腰が冷たいねん〜！」と叫びながら糸を握りしめてサギを待っている、というわけだ。

ここまでやって、先輩は数羽のサギを捕獲・標識することができた。なお言っておくが、学術目的で捕獲許可を取ってのことである。狩猟や動物保護のルールに違反するので、絶対に勝手にやってはいけない。

また、ある後輩はクマタカを捕まえるために無双網を借りてきた。無双網というのは、網を地面に広げておき、ワイヤーを引っ張るとパタンと反対側に倒れて獲物の上に被さるという仕掛けだ。ただ、これはワイヤーを引っ張るために誰かがついていなければならない。彼は捕獲できそうなサイトを二つ見つけてあったので、もう一つ、自動無双網も借りてきた。こちらはネズミ捕りのような仕掛けで、動物が餌を食べようとして踏み板に触ると、バネの力で自動的に網が閉じる仕組みだ。閉じるとドームテントのような形になる。

だが試してみたら、閉じる速度が思ったより遅い。バネが弱いのだ。すごい速度で鳥にぶつかって怪我をさせてもマズいが、捕まえ損ねてクマタカに罠を覚えられてしまったら後輩の研究が崩壊する。かくして研究室の工作好き連中が集まって協議した結果、自転車のチューブをバネと併用して加速するように工夫が加えられた。発案者自らが罠にかかり、指を挟んでも頭に当たっても大丈夫なことを確認の上である。校舎の廊下にちょっとしたテントほどもある罠が設置してあって、しかも学生が罠にかかっている姿というのは、理学部2号館でもなかなか見かけない光景であった。

こうして罠が完成した後、彼は養鶏場でもらってきた廃鶏をつないで囮にし、無事、クマタカを捕獲して無線発信機を取り付けるのに成功した。ただし、かかったのは手動の網の方で、自動無双は空振りに終わったそうである。

ちなみに彼はクマタカを待つ間、ブラインドで囲った中に潜み、さらに周囲と頭上を枝葉で囲って、自分の存在を悟られないようにしていた。この時に最も困ったのはトイレだったとのこと。うっかり外に出て姿を見られるわけにはいかないのだ。「どうしたんだ?」と聞くと、「ペットボトル持ってて助かったっすよぉ」との答えであった。

さらに原始的な方法として、「手獲り」というのもある。文字通りの手づかみのことだ。さっきのコサギの先輩に協力していた人は、コサギに餌付けして手渡しで餌を食べるところまで慣らし、えいやと首根っこを掴んで捕獲したそうである。大学の研究室に電話がかかってきて「Nさんいる? 今、手にサギを持ってるんだけど」と言われたこともある。大学院で中庭を挟んで向かいの研究室にいたS君はユリカモメの標識調査を行なっている。彼は今も、冬になると川に出かけて行き、ユリカモメが餌をもらおうと寄って来るのを待つ。そうやって寄せておいて、いきなり手づかみで捕獲するのである。どうやっているのかは知らない。たぶん、スタンドでも使っているのであろう。[*5]

もっとも、カラスの共同研究者のMさんがロシアでのツル調査を手伝った時など、ロシアの研究者たちは地面すれすれでホバリングするヘリコプターから飛び降り、風圧でわたわたしているツルにタックルしていたという。Mさんは教授に「君は絶対に行くな、発信機の装着だけやれ」と言われたそうで、おそらく「こいつは釘を刺しておかないと真っ先に飛び降りる(そして怪我をする)」と判断されたようである。私もその立場なら同じことを言われるだろう。だって、絶対飛び降りたいでしょ？

とはいえ、研究者にとって一番普通の獲り方は、かすみ網である。かすみ網は刺し網の一種で、高さ1メートルほど、幅10メートルほどの、細い糸で編んだ網を、鳥の通り道に立てておくものだ。

もちろん、ただ漫然と張っているだけで突っ込んでくれるほど、鳥はバカではない。ちゃんと通りそうなところを予測しないといけない。

私はあまり捕獲・標識という調査をやっていないが、個体を識別するために捕まえて標識するのは、鳥類学一般にはごくスタンダードな方法である。よって、かすみ網の出番も多い。かすみ網は注意して扱えば鳥を傷つけずに捕獲できるし、世界中の鳥類学者が採用している方法でもある。ただし、かすみ網を用いた大量捕獲や密漁が後を絶たなかった時代があるので、狩猟には使用が禁止されている。使えるのは調査研究目的のみだ。

＊5　スタンドは『ジョジョの奇妙な冒険』シリーズで第3部以降に登場する、超能力を具現化したキャラクター達。能力者に寄り添うように現れる。スタープラチナ、ザ・ワールドなどが有名だが、敵を殴り飛ばしたり、ハエをスケッチしたり、時間を止めたり、能力は極めて多彩。

かすみ網が一番の威力を発揮するのは、藪の中である。藪の手前に、あるいは藪の中に防火帯のような隙間を作って、そこに網を貼る。鳥はいつものルートを通って藪に入ろうと、あるいは藪の中をすりぬけようとするが、そこに思いもよらない障害物が立っているわけだ。かすみ網はごく細い、黒い糸で編まれているので、背景が暗い色だと全く見えない。アッと思った時は網にぶつかって、網の途中に3段あるタナ（網をたるませたポケット状の部分）に落ち、網目に頭やら翼やらが引っかかっている。じたばたするとさらに絡む。掴まろうとすると足も絡む。かくして「えーん、動けないよう」状態で引っかかってしまったのを丁寧に外して計測し、標識するわけである。

もちろん、放っておきすぎると空腹や体温低下で弱ってしまうから、弱らないうちに見回るのは当然だ。といって頻繁に近づくと鳥が警戒するので、その辺のさじ加減には熟練の技がいる。かすみ網の張り方・畳み方・鳥の外し方などはとにかく経験して覚えるしかなく、今もって師匠について覚えるよりない。私は特に師匠がいなかったので（だいたい、カラスの調査にかすみ網は使えない）上手ではないが、他の調査で捕獲を何度か手伝ったり、ほんの少しだが調査用カラーリングを付けたりもしたので、網を張ることくらいはできる。ただし、上手ではない。なにより、かかった鳥を外すのが怖い。

なにせ、鳥というのは全身が羽毛で覆われている。羽毛は頭から尻尾に向かって生えているので、頭から網にスポンと入るのは簡単だ。だが、これを抜こうとすると、網がいちいち羽にひっかかる。これが翼となると、風切羽を折ってしまったら飛ぶのに苦労するだろうし、といって変に曲げたら骨ごと折ってしまいそうだし、触るのが非常に怖い。慣れるとうまいこと網目をたぐってまとめて一発で外せるようになるのだが、最初は大変であった。しかも、あまり手間取っていると鳥が思い出したようにジタバタ暴れて、また絡み直しである。これを外そうとしていると、ガジガジ噛まれる。鳥はとにかく、噛むのだ。ホオジロに噛まれたくらいならどうということもないが、シメに噛まれたら血豆ができた。シメの嘴はブンチョウに似て、硬い実をブチ割るためなのだ。

さらに怖いのはモズだ。初夏のある日、ホオジロを標識しようと網を張ったら、若いモズがかかった。ちょうど一緒にいたベテランのHさんがこれを外そうとした途端、「痛い！」と叫んだ。手を出した途端にモズに噛みつかれ、鉤型に曲がった嘴の先端が爪の上を滑って、爪と肉の境目にザックリと食い込んだのである。目の前で指先から血が滴り始めた。だが、嘴をつかんで力づくで開かせることはできない。そんなことをしたらモズを握りつぶしてしまいかねない。困った、何かいい方法はないか。その間もモズはギリギリとHさんの指に噛みついたままで、Hさんは歯を食いしばって「お兄さん、できたら、はよなんとかして」と言いつつ、痛みに堪えている。

私はパタパタとポケットを叩いて、細いボールペンを引っ張り出した。そして、ペン先を半開きになった嘴の間に突っ込み、そのまま押し込んでなんとか口を開かせるのに成功。Hさんはやっとこさ、モズの嘴から指を引き抜いたのだった。

ちなみにこのモズは以後、案外おとなしくなって、あっさり網から外すことができた。計測してからリングをつけて放鳥したのだが、その翌日、またもお目にかかった。翌日もほぼ同じ場所に張った網にかかっていたのである。結局、こいつは3回も網に引っかかった。モズというとシャープで抜け目ないイメージだったのだが、若い奴はわりとアホである。

もう一つイヤなのがシジュウカラだ。彼らは混み合った枝先をこまめに動き回るせいか、なんでも握ろうとする。その結果、網の糸を何本も束にして握りしめて離してくれない上、たいがいは二重三重に網目が脚に絡みついている。それが両足である。片足をやっとこさ外してもう一方の足にかかると、思い出したようにジタバタしてまた糸を握る。やってもキリがないことをイタチごっこというが、シジュウカラ外しという呼び方でもいいと思う。

マニアの嗜みが研究を下支え？

このように人間は鳥を捕まえることに情熱を燃やし、様々に知恵をしぼる。私はカラスを捕獲しようとしたことはないが（というのは、繁殖しているカラスは用心深いので、狙って捕まえるのがほぼ不可能だからだ）、山中で繁殖するハシブトガラスの観察のためにカラスの目を欺こうと努力したことはある。山の中で藪と同化してじっと待つ……そう、スナイパーと同じだ。

この時は自分のミリタリー趣味が大いに役立った。まず、林床に合わせて褐色味の強い砂漠用迷彩のカーゴパンツを履く。森林は緑色と思いがちだが、地表面は枯葉や枯れ枝に覆われており、茶色い部分の方が多い。地べたに座って、上からの視線に晒されるなら、地表に同化してくれる方がいい。

続いて褐色の長袖シャツ。それから砂漠迷彩のスカーフを首から顔に巻きつけ、肩と頭のシルエットを消す。これは「人間の形」を識別する大きなポイントだからだ。さらに髪の毛の色を隠すため、緑系の迷彩バンダナを頭に被る。これで、見えているのは目の周りだけになった。どこぞの過激派の戦闘員みたいだが、顔を晒したくないという意味では共通点がある。個人を特定する情報を晒したくないからではなく、それによって「あそこに人間がいる」と悟られないためだが。

そして、頭からバラクーダネット（網の上に緑色のびらびらしたテープを縫いつけたもの）をすっぽりと被り、私は完全に藪と同化した。本当なら、迷彩服に緑や茶色の房をびっしり縫いつけたギリースーツを着たいところだが、[*6]あれを着るとひどく暑い。それに藪の中で腹ばいにでもなっていないと、本来の効果は発揮できない。ここで腹ばいになって待っていたらカラスが上の方を飛んでも、双眼鏡で追うことができない。あと、どうしてもというなら別だが、どう考えてもマダニとヤマビルがいそうな場所でひたすら寝転がっている、というのは最後の手段にしたい。

もっとも、ここまでやっても身動きすればバレてしまうので、だったら何を着ていても一緒、という意見もある。かの「鳥類学者」にしてバード先生の川上和人さんはスッパリと諦め、むしろ遭難防止のために真っ赤な服を着る派だと聞いた。まあ、この辺は本人の趣味や自己暗示もあるので、好きにすればいい。私はこうやって待ち伏せたり追いかけたりするのに「燃える」派ということだろう。

とはいえ、軍装品店に並ぶ数々の迷彩を見ていると、人間はよくまあこれだけ知恵を絞ったものだと感心する。米軍だけでも、ベトナム戦争初期のリーフパターン迷彩から始まってウッドランドパターン、タイガーパターン（これは実際には制式ではないが）。乾燥地を意識した6C（チョコチップ）迷彩が中東の砂漠ではあまり効果的でないとわかり、変わって配備された3C（コーヒーステイン）迷彩。さらにデジタルカモ、マルチカム、

MARPATなど増えすぎて何がなんだか、といったところだ。

と同時に、その方向性が全て戦争に向けられていることにも恐怖する。ここまで私は思いっきり無邪気な軍オタぶりを発揮してきたが、決して戦争を賛美も肯定もしない。ただ、目的はどうあれ人間の知恵と努力（と迷走と狂乱）の果てに生み出されたモノ達を愛《め》でているだけである。

それでも、軍事技術の背後にある冷徹無比な計算には戦慄と嫌悪を覚えることだってある。例えば、手榴弾がそうだ。１９５０年代から現在に到るまで米軍が使っているM26手榴弾では、弾殻の内側に、刻み目の入ったコイルがびっちりと巻き込まれている。巻き込んだというか、金属製のタイルを敷き詰めたような作りだ。理由は、研究の結果、最大効率で周囲の人員を殺傷するための破片の大きさと数が計算されたからだ。かつての手榴弾は大きく割れすぎて弾片の密度が下がるので「撃ち漏らし」が出ていた。弾片一個あたりの威力も、兵員を殺傷して行動不能にするだけなら過剰になる。割れ方に一発ごとのばらつきもある。だから、必ず最適化されたサイズに砕けるようにしたコイルを仕込み、殺

＊6　見た目は迷彩柄のイエティ、もしくはモリゾー、でなければムックみたいになるが、適切に使用した場合、それこそ「踏むまで気づかない」ほどの隠蔽効果を発揮する。

傷半径内に漏れなく破片（と破壊）を撒き散らすようにしたのである。

地雷に至ってはもう、考え抜かれすぎて吐き気がするほどだ。地雷探知機を避けるためほとんど鉄を使っていない、非磁性のもの。地雷除去具で掘り起こそうとしてもピョンと横に逃れてしまうもの。一度の衝撃では発火せず、「ああ、地雷はないんだ」と安心して通ると二度目、三度目に爆発するもの。除去しようとして持ち上げると爆発するスイッチ付き。殺傷範囲を広げるため、バネ仕掛けで飛び上がってから炸裂し、弾片と鉄球を空中から浴びせてくるもの。


生物の世界も、目的のためなら手段を選ばないものは多い。ちょっと怖い例を挙げれば、寄生虫やウィルスがあるだろう。

例えば、カマキリに寄生するハリガネムシはカマキリを操り、水面の反射に向かわせる。具体的にはまだ解明されていないが、光の入力に対する感度や走性を、なんらかの方法で変化させるのだろう。そして、カマキリが水辺に達すると、自分はカマキリの腹から抜け出して水中で産卵する。

ロイコクロリディウムという寄生虫はカタツムリの「ツノ」にひどく目立つ蛍光色の縞模様を作り、ここを鳥に食べさせることで、鳥に寄生しようとする。しかも寄生されたカタツムリは、まるで「食べてください」と言わんばかりに目立つ所にいようとする。これもまた、寄生虫に行動を制御されているせいだ。

ウイルスもそうだと言えるだろう。インフルエンザは粘膜に炎症を起こし、咳やくしゃみを伴うが、これは結果として、宿主を操って飛沫を周囲に飛ばし、感染の機会を増やすウイルスの戦略という言い方もできる。

こういった例を見ると、自然界も決して大人しいものではないとも思える。システム、あるいはメカニズムとして見ればエレガントと呼べるほど精妙だが、やっていることは相当えげつないこともあるし、本人たちは生き延びるのに必死である。そういう点にさえも、生物と人間の発明品の類似性はある。

だが、自然界の「えげつなさ」はどれも、本人たちの意図とは関係なく、進化の過程で選択された戦略だ。弾片の散布界と飛翔速度の計算に意図的に労力を費やす阿呆は、さすがに人間くらいなものだろう。

CHAPTER

10 鳥と闘争

カラスさん@戦わない

野生動物というと、血で血を洗うような修羅の世界に生きているような気が、なんとなくしませんか？　いや、最近はさすがにそこまで文字通りな「弱肉強食」という動物観はなくなったかもしれない。

実際のところ、動物が戦っている姿を見ることは非常に稀である。戦うとしても、血みどろの殺し合いに至る前に一方が逃げ出して決着がついてしまう。これをもって「仲間同士で殺し合うようなバカなことをするのは、人間だけなのだ！」という教訓を引き出すこともできるだろうが、これはこれで、必ずしも正しくない。動物同士だって相手が死ぬまでやりあうことはあるからだ。彼らは別に「殺してはいけない」というモラルがあるわけではなく、逃げた相手を執拗に追い詰めて息の根を止めるほどヒマではないだけ、ということが多い。[*1] ただ、動物の場合、闘争を儀式的なものにしたり、致命的な攻撃にブレーキをかけたりするような行動様式は、持っている場合がある（これも「場合がある」で、常に持っているとは限らないし、持っていても程度の問題、ということはある）。

ハシブトガラスの若い個体が集団内で順位争いをする場合、典型的な手順はこうなる。まず、2羽が近づいてから横並びになって歩き始める。この時、体を大きく見せるためだろう、彼らは羽毛を膨らませ、首を伸ばしている。続いて、相手に肩をぶつける。それから、歩きながら相手の足を引っ掛けようとする。やっていることがヤンキーの喧嘩みたいだが、まあ中身も似たようなものだろう。

次に、引っ掛けるどころか相手の足を自分の足で握ろうとする。これの応酬のあと、掴んだ足を引っ張り合う。この「綱引き」に負けたと感じた方は、そろそろとしゃがみこみ、最終的に仰向けにコロンと転がる。

勝った方は敗者の上にのしかかるのだが、そこで突然、手出しをやめて動きが止まっ

*1　ケヅメリクガメは縄張り争いの際、相手をひっくり返すが、ひっくり返された方は起き上がれないまま、肺が圧迫されて死ぬことがある。動物一般にだが、飼育下のように逃げられない状況だと、歯止めなく攻撃を続けて殺してしまう例もある。

てしまう。噛みつくなりなんなり好きにできるはずなのに、フリーズしてしまうのだ。これが「敗者に憐れみをかける」というような騎士道精神の発露でないのはすぐわかる。相手が動くと、すぐに「クワア！」と叫び声をあげて口をあけ、突きかかろうとするからだ。おそらく、カラスの闘争は相手の動きを見てフィードバックされるような行動なのだろう。相手が全く動かなくなったために、こちらも動けなくなっているのである。

人間の場合も、「相手が動かなくなったのでハッと我に返って」というような話は聞く事があるので、似たような感覚は持っているかもしれない。だが、頭に血が上ったホモ・サピエンスは相当に攻撃的だ。大学生の頃、大学の寮祭の青空ボクシングに飛び入りしたことがあるのだが、この時の経験は驚くべきものだった。ホモサピの見境ない闘争心というやつは、自分でも全く制御が効かなくなる。[*2] あれに比べれば、カラスの闘争なんてかわいいものである。

ただし、カラスがこういう闘争をやっていると、集団の他のカラスたちが野次馬として集まってくる上、最後は周囲を取り囲んで見物する。開拓時代のアメリカの木こりにはランバージャック・ファイトという慣習があり、周囲を囲んで逃げられないようにした上で、決着がつく（ということは、致命的な結果に終わることもある）まで戦わせたそうだが、ちょうどそんな感じだ。ただし、カラスの場合、相手を殺すわけではない。勝ち側と負け側が固まって動きを止めたところで、野次馬がソロソロと近づいて、敗者の尻尾や風切羽をくわえて引っ張るからである。やられた方は暴れて「クワア！」と声をあげる。すると上に乗っている勝者が再び突っかかってくる。これを放っておくと野次馬にボコボコにされるので、結局、負けた方は飛び起きて逃げ出す。勝者はこれを追いかけ、さらに野次馬供までが追い回して、大騒ぎになって終わりである。

この、尻馬に乗って勝ちにくる連中の態度はなんとも卑怯というか、「ちゃっかりしている」で済ませるには後味のよくない行動なのだが、これも集団の力学の一つなのだろう。動物は勝負の結果をよく覚えていて、一度上下関係が決まると以後は無駄に争わなくなる。これは闘争のコスト、そしてそれに伴う負傷の危険を減らす意味があるが、逆に言えば、「苦手意識を植え付けられると頭が上がらなくなる」という意味でもある。となると、負けにつけこんで自分も勝ったような顔をしておいた方が得、ということもあるだろう。[*3]

もう一つあり得る（かもしれない）のは、見ている周囲に対する「俺強いんだぜ」アピー

*2 カウンターで右フックが決まった瞬間、対戦相手は嘘のようにその場に沈み込んだ。だが、その時私の頭に浮かんだのは「やった！」ではない。「オラ勝負中に何へたり込んでんねんお前！　立って勝負せぇや！」であり、実際、膝をついた相手に詰め寄って、上からタコ殴りにしようとした。慌てたレフェリーが割って入ったが、あやうく「邪魔する奴は敵じゃあ！」とレフェリーまでぶん殴るところであった。

ルである。カラスではまだ示されていないが、霊長類などで「俺より強いあいつに勝ったお前はもっと強い」といった判断がなされる例が知られている。こうやってこまめにポイントを稼ぐことで、集団内での立場を上げようとしている可能性はあるだろう。なんか昭和の企業小説みたいだけど。

彼らが戦う様々な理由

さて、動物間でこういった闘争はなぜ起こるか。至近要因、すなわち「本人の頭の中で何が起こっているか」を問えば、これはもう基本的に、「ムカつくから」であろう。冷徹に「ここであいつを殺しておけば自分の利点になるだろう」と考えるには、「自他の区別」「社会的な関係性の理解」「先を見据えた計画性」「仮定を伴うプランニング」など、非常に高度な知能がいる。ただ、チンパンジーになると敵対する集団の行動圏に集団で潜入し、隙を見て一頭ずつ仕留めていく、という特殊部隊みたいな真似までするという。激情に駆られてではなく冷徹な計算に基づいて殺《や》るのは、高い知的能力のあらわれだとは思うが、人間的すぎてちょっと気持ち悪い。[*4]

戦いの究極要因、つまり「本人が意識しているかどうかは別として、何の利益があるのか」を考えると、いくつかのパターンはあるが、要約すれば「資源をぶん捕るため」である。

ここでカラスを例に考えてみよう。まず、餌をめぐる争い。ゴミ収集場所に複数のカラスが来ている場合、そこで小競り合いが発生するのはよくあることだ。大きな闘争になることは滅多になく、だいたいは「ガッ!」の一声くらいで済んでしまうが、それでも喧嘩には違いない。逆に、ペア間などで一緒に食べる時は、互いに「クワッ」「オアッ」というような声を掛け合う。たぶん、これがないと「てめえ勝手に食ってんじゃねえよ!」モードになる。

それから、繁殖相手をめぐる争い。カラスは集団生活の中で相手を見定めてペアを作り、そのペアが長く続くので、フウチョウのような「ここ一番」という派手なディスプレイをするわけではない。だが、オスがメスに、もしくはメスがオスに言いよる場合、ライバルがいることも当然ある。そういう時は、ライバルを蹴落とすために闘争が発生する。繁殖のパートナーは、有性生殖を行う生物が次世代に自身の遺伝子を残したければ絶対必要な

*3 人間の歴史にもこういう例はある。なかんずく、第二次大戦でイタリア王党派が終戦直前に日本に宣戦布告して戦勝国になっている(おまけに賠償請求もしている)のはなんだか納得いかない。

*4 とはいえ、この表現は、暗に「動物はもっと純朴なものである、そうあってほしい」という私の願望を反映している。人間も動物の一種であることを考えれば、狡猾・残忍・卑怯といった、人間の「悪徳」と共通する何かも、動物にあってもおかしくはないか。

ものであり、すなわち資源である。人間の場合、パートナーを繁殖資源と呼ぶと怒られるが。[*5]

あ、ちなみに「動物はオスが頑張ってメスに選んでもらうものだ」という常識は、だいたいにおいて正しいけれども、時にはちょっと違う時もある。カラスの場合、メスによる略奪婚（の挙句に駆け落ち）や押しかけ愛人、さらにメス同士で一羽のオスをめぐって戦う、といった例が知られているからである。

これはカラスだけに限らず、シロチドリでも押しかけ女房だか愛人だか、というものは見たことがある。理由はわからないのだが、突然、嫁さんではないメスがやってきて、ヒョイと卵を抱こうとしたのだ。オスはまんざらでもない顔をしていたが、ペアメスはもちろんこれを許さず、すごい勢いで追い回して蹴散らしてしまった。オスの方は決して、侵入してきたメスを攻撃しようとはしなかった。

これは常に起こることではないし、割り込んできたメスもどういうつもりだったかはわからない。チドリ類は卵を捕食されることも多いので、卵を失ったけれども、まだ「抱卵しなければ」という気分にあるメスが、たまたま卵を見かけて抱いてしまっただけかもしれない。とはいえ、その結果その場に居座ることができれば、オスと交尾して自分で産卵してしまうかもしれないし、そうなると第一夫人にとっては大きな損失となる。チドリは雌雄が交代で抱卵するので、巣が二箇所もあると自分の卵に割り当ててくれる労力が減りかねないのだ。炎天下の砂浜で卵を抱くのだから、オスが交代に来てくれないと体がもたない。ということで、第一夫人が激怒して追い払っていたのも当然ではある。チドリは生まれてすぐに自力で歩けるからまだいいかもしれないが、雛の間ずっと餌を運び続ける鳥ならば、さらに不利益が大きくなる。*6

そして、縄張りや営巣場所をめぐる争い。これはまさに、場所そのものが資源であったり、地域が様々な資源を内包していたりする時、その「場」を独占するための争いである。

*5 子孫を残そうとしない形質は（少なくとも優性な形質としては）進化できない。よって、進化によって選択されて来た形質は、子孫を残そうとする方に働くはずである。一方、個人レベルの自由意志によって行動を大きく制御できる生物なら、子孫を残さないという決定をすることも当然できて、それは生物学とは関係なしに、本人の自由である。生物学に則って行動する必要はない。

*6 竹中真紀子・中村眞樹子の研究によると、第二のメスがナワバリに入ってきて堂々と同居し、しかもメスが2羽とも営巣していた、という例がハシボソガラスで複数見つかっている。非常に興味深いことに、ペアのメスは押しかけ愛人を攻撃しなかったという。また、このような事例が発生する場合、ペアのメスが弱っていたり、何年か雛が育っていないペアだったりする例が多かったという。ペアのメスが死んだ場合は、「愛人」が「本妻」に繰り上がった。自らの死期を悟って若い愛人を家に入れ、子供を産むことさえ許した妻が死に、愛人が本妻に……って、もはや金田一探偵の出番である。

人間が行う戦争はこれが多い。太平洋戦争にしても、一言で言えば中国における欧米と日本の利権の取り合い、および封鎖された原油輸入に代わる東南アジアの油田の占領と生産が目的なのだから、このパターンであろう。

この闘争は時に激化することがある。カラスだと、1月頃、縄張りを決め直す時期が最も激しい。カラスは通年縄張りを維持しているが、非繁殖期には防衛が緩む傾向がある。そして年明けの頃、繁殖期を前に、お隣さんと喧嘩して縄張り境界線を決め直すのだ。

この時、カラスはお互いに相手を空中で蹴り飛ばし、噛みつく。時にはお互いに噛みつき合ったまま、相手をボカボカ蹴り飛ばす。その状態では羽ばたいていても飛べないので、黒いカタマリが黒い羽を散らしながら、でたらめに回転しつつ落っこちてくる。さすがに地面に落ちるとやめて一度離れるが、喧嘩は終わらない。

スズメやムクドリのような樹洞営巣性の鳥だと、闘争はさらに激しい場合がある。営巣に適した樹洞、ないしそれに類する場所（換気口、戸袋、屋根の隙間など）は決して多くないので、彼らは繁殖前から営巣場所を確保して、メスを誘う切り札にするからだ。ニシコクマルガラスの場合、オスが巣穴（っぽいもの）に入って呼びかける行動が、メスへの求愛になっている。この場合、巣がなければ求愛できず、ペアにもなれない。ただし、ちゃっかりしているのは巣穴「っぽいもの」であればいいという点で、本当に巣が作れるかどうかとはちょっと違うようである。もちろんメスにしてみれば、ちゃんとした巣穴を持ったオスの方がポイントは高いだろうが。もっとも、人間にしても儀式的な贈り物という習慣はあったりするので[*7]、大差ないと言えば大差ない。

こういった巣穴をめぐる闘争は非常に激しく、地上に落ちても相手に噛みついたまま放さずにいることさえある。ムクドリにとってよほど重要な資源なのだろう。スズメでも同じく、地面で噛みつき合う闘争を見せることがある。

ただ、彼らの闘争は翼に噛みつく、足で掴むか蹴飛ばす、オプションとして相手が噛みつこうとした時に、こちらから嘴に噛みついて止める（ということは、冷静に考えたらキスの一種だ）、といった程度で、重大な怪我を負わせるようなものではない。目玉を狙って抉り出すとか、首筋や腹を切り裂いてやろうとか、特にカラス同士ならやれないはずはない

*7 人間の場合は婚資として牛や羊を出す場合もある。現代的な風習としては、給料三ヶ月分の指輪が挙げられるかもしれない（これは企業の宣伝戦略にまんまと乗せられているだけだが）。こういった習慣は遺伝的に固定されているわけではなく、本人が納得しさえすれば守らなくても構わない。とはいえ、「なんでそんな風習が?」という点については、多少は生物学的な根拠を考えてもあながち的外れではないだろう（「全部、遺伝子のせいだ」などと言うつもりはない）。

（彼らは動物の死骸を食べる時は日常的にやっている）致命的な攻撃を行わない。そういう意味では、ある程度は儀式化されているのだろう。

こういった「儀式的な闘争」は何も、調和ある自然の摂理とか神の御意志でなくてもいい。事あるごとに本気でライバルをブチ殺しにいく個体ばかりだと、自分も殺られるリスクが大きすぎるからだ。

これはタカ派とハト派のゲームとして知られている。ある生物に性格の違う2集団が生じたとしよう。ケンカっ早い上に即座に相手を殺すタカ派と、仮に喧嘩しても殺すところまでやらないハト派だ。

タカ派はハト派には絶対負けないし、タカ派相手でも自分が勝っている限り、大きな利益を手にすることができる。ところが自分が勝てなかった場合は死に直結するので、寿命が短い。となると、生涯に残せる子孫の数が、案外目減りしてしまう。

ハト派は逆だ。タカ派が来たら逃げの一手しかないし、ハト派同士で喧嘩になっても相手をブチ殺して資源独り占め、なんてことができない。得られる利益は大したものではない。だが、死ぬことはないので、「生きてさえいりゃなんとかなるさ」とばかりにチマチマとポイントを稼ぎつつ長生きして、最終得点は大きくなる可能性がある。

となると、「人生は太く短く、漢の花道じゃけえ！」とうそぶく仁義なきタカ派と、無防備宣言なハト派と、どちらが最終的にお得になるかは、簡単には決められない。勝った時の利得と負けた時のリスクによって、いかようにも変わるからである。おそらく、この辺のバランスによって、「適当なところで戦いを止めておけ」という形質が進化している。

なお、先の例ではハト派が牧歌的で素敵に見えるが、残念ながら、決して安定的な戦略にはなれない。安定的な戦略というのは「そのタイプが広まってしまうと、他のタイプは入り込めない」状況をさすが、ハト派だけのところにタカ派が紛れ込んで来た場合、タカ派が完全な一人勝ちをおさめるからである。ハト派はタカ派の侵入を止められないのだ。その後はタカ派の子孫同士が殺し合いを始めて増加に歯止めがかかるだろうが、決して「ハト派だけの平和な理想郷」に戻ることはない。世の中はそんなに甘くはないのである。

戦わないカラスが戦う時

さて、カラスは案外戦わない。カラスというとヤンキーっぽいイメージで、喧嘩上等な雰囲気があるかもしれないが、カラス同士が常に喧嘩しているわけではない。人間に対しても、ウンコ座りしてメンチ切る（標準語だとガンを飛ばす）わけではない。まあ怒りっぽい個体というのはいるが、しょせんはカアカア鳴く程度。そういう意味ではクローズなどと言われるのは心外である。まあ、若い時に集団でたむろして集団内で喧嘩してランクづけするのは同じだが、彼らはお互いの力関係をよく知っている。無駄に喧嘩を繰り返すわけではない。

そして、ここが大きな違いだが、彼らには群れの中での順位はあっても「番長」「総番」「茨城統一」といった命令系統を伴う集団性はない。

順位と命令系統の違いは、こういうことだ。カラスには確かに順位はあるが、最高順位の個体が得る利益は「俺のやることを誰も止められない」だけである。何をするのも、実行するのはあくまで自分なのだ。他人に命じて何かをやらせることはできない。相手と対面している状態でなければ、「俺はお前より強い」という順位すら、何の意味も持たない。強いカラスにできることは「お前邪魔だからどけ」と言える、ただそれだけのことなのである。してみると、飛行機の優先搭乗と特に変わらないレベルだ。

それゆえ、集団を拡大するために戦う必要もない。どれだけ集団が大きかろうが、集団を自分の力とすることはできない。自分の支配する集団を大きくして権勢を誇ろうというのは、農耕生活以後の人間の悪癖ではないかと思う。私に「教授として研究室を率いて一国一城の主になろうと思ったことはないんですか」と聞いた人がいたが、冗談じゃない、そんな面倒臭い身分はまっぴらだ。気楽にカラスを見に行くこともできやしないし、だいたい、「カラスを観察する」という一番おいしい部分を学生にやらせるなんて、そんなもったいないことはお断りである。

ただし、カラスが確実に戦う場合がいくつかある。先にも書いた縄張りを争う場合と餌をめぐって競争になる場合、それから当然、雛を守ろうとする場合だが、もう一つ、あまり知られていないのは、雛を追い出そうとする場合だ。

これは注意深く見ていないとわからないかもしれないが、いつも家族がいる縄張り内で、明らかに口の中がまだ赤っぽい若鳥を、大人が本気で追い回し始めることがある。さらによく見ていると、若鳥は逃げる一方なこともわかる。これが発生するのはだいたい10月から11月くらいだ。

また、大概の場合、追い回しているのは1羽だけだ。逃げている雛は、もう1羽いる大人のところに逃げていくことが多い。

つまり、怒っているのは父親で、母親はそんなに怒らないのである。だが、父親の追撃は本気だ。この時ばかりは上空から地上スレスレまで、逃げるカラスにぴったりと食らいつきながら全力で飛び回る姿を観察できる。ただ、この場合は追い回すばかりで、実際に物理的な接触を伴う攻撃を行うことはまずない。しかし、これをやられると、子供は縄張りを出て行く。

「自分の遺伝子のコピーを次世代に残す」、これが生物の基本だ。よって、生物の基本方針は「いかに楽をして、危険を回避し、子孫をいっぱい残すか」というものになる。楽をするのは栄養を蓄えて繁殖に投資するためであり、危険を回避するのは言うまでもなく、早死にしないためである。つまり、「ブラブラして食っちゃ寝とかいいご身分だよな！」という揶揄は、「自分もああいう、生物として最高な生き方をしたい」という羨望の裏返しにすぎない。まあ人間の場合は社会性とか承認欲求とか色々あるので、本当にゴロゴロしていられたらそれはそれで大物だが。[*8]

ここから考えると、子供はいつまでも親元にいて、親に世話されている方が楽だ。一方、親にとっては、いつまでもその子が縄張りにいると次の繁殖ができない。親にとって子供は「次世代に残っていく自分の遺伝子の乗り物」という意味で大事なのだが、一方で「早く次の繁殖を行って、もっとたくさん子孫を残しておきたい」という欲求もある。子供1個体にどれだけの投資をするかは、子供の数との兼ね合いなのだ。

というわけで、いつまでも甘えていた子供と、さっさと追い出したい親との間でコンフリクトが生じ、闘争も起こる。この場合、どちらも自分の生存や繁殖をかけた戦いなわけだが、一方で親は子供を殺してしまうと次世代に残せる子孫が減る、というジレンマも抱えている。とはいえ、これも将来残せそうな子孫の数とのバランスだろう。最悪、「オレは死ぬまで出て行かないぜ〜」というガキに対しては、その子を殺してあと2個体産めばお釣りがくるからである。子供の方も殺されるまで粘っていたら意味がないので、まあ、怪我をしないうちに出て行く方が利口だろう。

親子ゲンカの時は物理的な接触は伴わないようだ、と書いたが、接触しなければ攻撃ではない、というわけでもない。戦闘機による空中戦でもマニューバ・キル、つまり「機動によって墜落に追い込む」という方法はあるのだ。

大学院にいた頃、教授の元にある方から手紙が届いた。同封されていたのは、十和田湖を泳ぐカラスの写真だった。その写真には詳細な観察記録が付されていた。

それによると、たまたま観光で十和田湖を訪れた際、3羽のカラスが湖の上で喧嘩をしていたのだという。やや小さく、しゃがれた声で鳴く2羽が、もう1羽を追い回しているように見えたそうだ。2羽は上空から交互に急降下して攻撃を仕掛け、そのたびに1羽は身をかわして避ける。だが、かわすたびに高度が下がっていき、最後は湖面に突っ込んで

*8 『下妻物語』(嶽本野ばら著・講談社)の主人公である竜ヶ崎桃子はロココに憧れ、遊んで暮らすのが夢だったが、それでも刺繍となると寝食を忘れて没頭している。本当に「何もしない」のも、なかなか難しいのだ。

しまった。ところが、このカラスは水面でバッシャバッシャと羽ばたき、そのままバタフライで泳いで、湖岸にたどり着いたという。

岸に上がったものの力を使い果たしたらしい1羽に対し、2羽がさらに攻撃を加えようとしたので、その人はさすがに気の毒になり、攻撃する2羽を追い払った。それから、何か食べれば元気になるかと思って近くの売店で餡パンを買ってきたが、戻った時にはもう、ずぶ濡れのカラスはいなくなっていたそうである。

さて、このお手紙は極めて詳細な、しかもツボを押さえた観察結果だったので、何が起こったか完全に理解できた。湖岸にあったハシボソガラスの縄張り（やや小さく、しゃがれ声の2羽というのがこれだ）に、ハシブトガラス1羽が入り込んでしまい、2羽の連携攻撃をくらって「撃墜」されたのである。水上ではなく、地面に叩き落とされたハシブトガラスなら、自分でも見たこともある。

鳥の「武器」って？

さて、空中で敵を攻撃する時、カラスは相手を蹴るか、掴むか、噛みつくかする。鳥の攻撃は「噛む」と「蹴る」が中心だ。だが、全ての鳥がやるわけではないが、強烈な力技がもう一つある。

それは「翼で殴る」だ。

確実にぶん殴ってくるのは、ガンカモ類である。特にガンとハクチョウ、およびガンを飼いならしたガチョウがきつい。あの連中は妙に頑丈な翼を持ち、手首から手羽先あたりで、狙いすまして殴りつけてくる。羽毛だけでなく、骨の入ったところだから痛い。どころか、ハクチョウにぶん殴られて肋骨を骨折したという例まである。ハクチョウといえば体重10キログラムを超えるから、この体重を支える翼も、当然頑丈なのだ。

ついでに言うと、ガチョウは恐ろしく気の強い鳥で、ヨーロッパでは農家の番犬がわりになっていたりするから、うかつに近づくのは考えものだ。ガアガアいいながら詰め寄ってきた上に噛みつくわ殴るわの狼藉をくわえられる恐れがある。しかも、大概は集団である。

気の強い鳥代表としてはキジ科もある。彼らはメスをめぐってオス同士が激しく争うので、基本的に性格がヤンキーなのだ。中でも強烈な姿が見られるのがヨーロッパオオライチョウ。ライチョウといっても、日本にいる可愛らしいアレとは全然違う。全長80センチ、体重7キログラムもある馬鹿でかい真っ黒な鳥で、繁殖期になると尾羽を扇のように広げてディスプレイを行う。この時期はライバルを蹴散らすことしか考えないので、相手が人間であっても、近づくと追い回される。こいつに絡まれると蹴飛ばす・つつく・殴る、とフルコースなので、さっさと逃げるしかない。とんだ狂戦士だ。どういうものであるかは、wood grouse, attackなどのワードで動画を検索していただくのが手っ取り早いだろう。

もう一つ、恐ろしく頑丈な「翼」を持つのがペンギンだ。彼らの翼はヒレになっているのでフラッパーと呼ぶが、空気よりも密度の高い水中を、フラッパーを使って飛ぶように泳ぐだけあり、極めて頑丈である。

骨格を見ても、腕の骨は非常に太くてたくましい。また、手首から先の骨格が長く、頑丈なのも特徴だ。飛行性の鳥では長く伸びた羽毛が翼面を作るが、ペンギンの場合は端までしっかり「身」である。また、肩関節を支える烏口骨や叉骨もどっしりと太く、強大な筋肉が付いていたことがわかる。彼らは飛ばないので過度の軽量化は不要、むしろ軽すぎると潜水に不利だ。骨密度上等！　な重たい体でもかまわない。

というわけで、コウテイペンギンのような大型種にぶん殴られると、これまた骨折の恐れがある。コミカルな見かけに騙されてはいけない相手である。

ちなみに……飛行機の中にも、「翼が武器」という噂を持ったものがある。

第二次大戦中から開発され、終戦直後に初飛行した、アメリカのXP－79フライング・ラムだ。ブーメランのような（ナウシカが乗っていそうな、といってもいい）、ほぼ主翼だけの機体構成にジェットエンジン装備とかなりぶっ飛んだ機体で、パイロットはコクピット内で腹ばいになって操縦する。

「高速で駆け上がって重爆撃機を叩き落とせる防空戦闘機」というコンセプトで、ちゃんと機銃だって装備しているのだが、その強固な機体設計、高速機ゆえの鋭い翼前縁、そしてなにより「フライング・ラム」という名前が悪かった。ラムは羊肉ではなく、虎縞ビキニの電撃宇宙人でもなく、衝角のことだ。かつて、戦闘艦の舳先には水面下に突き出した「ツノ」があり、敵艦に体当たりしてブッ刺して沈めるという戦法があったのである。このツノが衝角だ。フライング・ラムすなわち「空飛ぶ衝角」というくらいだから、この翼で敵機に切りつけるに違いない！

結論からいえば、これは全くのガセネタである。

XP-79フライング・ラム

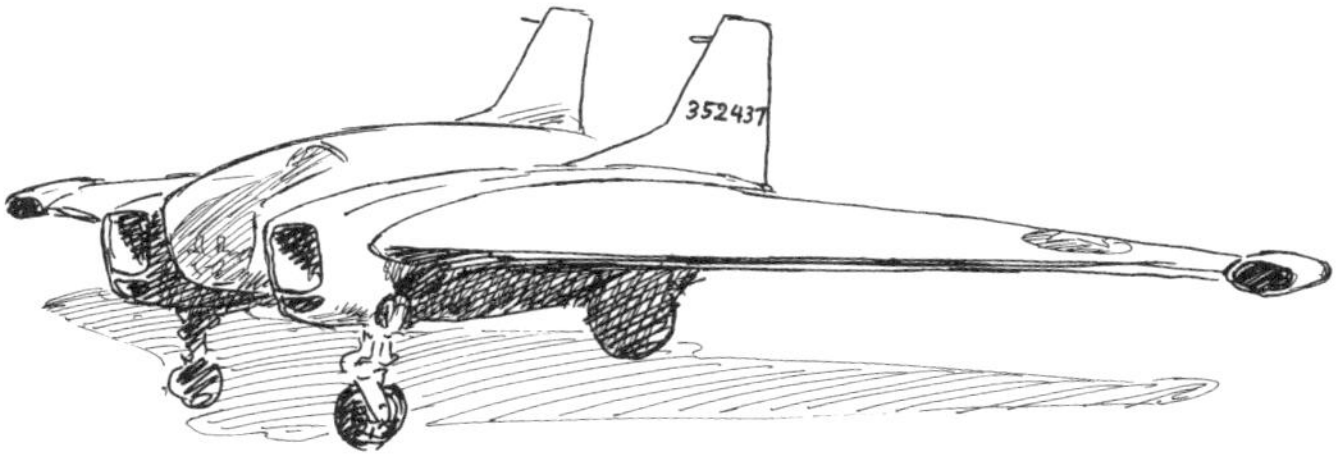

どう考えてもそんな不合理な攻撃をやるとは思えないし、[*9] 当たりどころによっては即座に自分が空中分解だ。バラバラにならなくても、切りつけた後、のうのうと飛んでいられる保証はなにもない。ただでさえ安定のとりにくい形状なのだから、片翼が何かにぶつかった途端にそれこそブーメランのように回転し、そのまま墜落するばかりだろう。フライング・ラムはあくまで、機銃を使って敵機を迎撃するのである。

*9 ただし、こういうのもある。フライング・ラムの初飛行から10年ほど後、ソ連の長距離爆撃機による核攻撃におびえた米軍は「離れたところから敵爆撃機を確実に撃墜できる兵器」としてＡＩＲ－２「ジニー」を開発した。これは無誘導の大型空対空ロケット弾で、射程は約10キロ。無誘導なのは、この時代にはまだ信頼性の高い誘導システムがなかったからだ。そこで命中率の低下を補うため、小型の核弾頭を搭載。危害半径は３００メートル、つまり３００メートル外れても、敵機に致命傷を与えられるようにした。これなら勝てる！
だが待ってほしい。「敵の核攻撃を防ぐために、核弾頭をぶっ放して空中爆発させる」んですよ？　都市直上でメガトン水爆が爆発して蒸発するよりマシということだろうが、頭がグルグルしそうな話である。

巻末企画 1

鳥マニア的 BOOK & FILM ガイド

BOOK

飛ぶことをストイックなまでに追求した書として、リチャード・バックの『**かもめのジョナサン**』を忘れることはできない。70年代に西海岸のヒッピーのバイブルとなり、ワインスタインは『**にわとりのジョナサン**』なるパロディを書いた（これはこれでまあまあ面白い）。寝食を忘れて飛行に専念するカモメのジョナサンは全速で急降下するも、またしても制御を失い、海面に激突する。そこで「もしすごい速度で飛べるなら、ハヤブサみたいな三角形の翼を持っていたはずだぞ！」と自分を叱咤しながら、ハタと「あ、それだ」と気づく。そして翼を畳み込んだ状態から華麗な高速急降下をやってのけるのである。まあ、その後はより高位の同志が迎えに来て、修行を経て瞬間移動を身につけて元の世界に布教に行く（どころか神の御子よろしく死んだカモメを生き返らせる）など、だんだんストイックというより神がかり的になっていくのではあるが。

実際に鳥と一緒に飛んでしまう話としては、ウィリアム・リッシュマンの『**ファザー・グース**』がある。幼い頃から飛ぶことに取り憑かれた彫刻家が、鳥と一緒にウルトラライトプレーンで飛ぶ実話。

『かもめのジョナサン 完成版』
リチャード・バック［著］
五木寛之［訳］ 新潮文庫

『にわとりのジョナサン』
ソル・ワインスタイン、
ハワード・アルブレヒト［共著］
青島幸男［訳］
ケイブンシャノベルス

これを元に映画化されたのが『グース』だ。

　実際の鳥とはちょっと離れるが、「うわあ、飛んでみたい」と思わせるのは斎藤惇夫『**冒険者たち　ガンバと15ひきの仲間**』の、ハードカバー版の表紙。ドブネズミのガンバと15匹の仲間たちがイタチと戦う物語だが、終盤、海上でイタチとの決戦に臨む仲間を助けるため、ガンバとイダテンがオオミズナギドリの背中に乗って飛んでくるシーンが描かれている。後に書かれた『**ガンバとカワウソの冒険**』にもキマグレというカモメが出てくる。

　テクノロジーから鳥の飛行を語る本としては、ヘンク・テネケスの『**鳥と飛行機どこがちがうか——飛行の科学入門**』が好著である。空を飛ぶメカニズムを本気で理解するには流体力学という物理学の中でも極め付けに厄介なシロモノをマスターしなければならないが、この本を読んで定性的に「そんなものか」と理解するだけでも、ずいぶんと鳥を見る目が変わる。ちなみに私は流体力学どころか線形ニュートン力学でもお手上げ。また、軍用機関連の書籍に目を通しておくと、あちこちに鳥の名前を冠した飛行機がいることに気づくだろう。イーグル、ファルコン、ホークなどはもちろん、コンド

『ファザー・グース』
ウィリアム・リッシュマン［著］
武者圭子［訳］　新潮社

『冒険者たち　ガンバと15ひきの仲間』
斎藤惇夫［作］　薮内正幸［画］
岩波少年文庫
『ガンバとカワウソの冒険』
斎藤惇夫［作］　薮内正幸［画］
岩波少年文庫

『鳥と飛行機どこがちがうか——飛行の科学入門』
ヘンク・テネケス［著］
高橋健次［訳］　草思社

ル、オスプレイ（ミサゴ）、ハリアー（チュウヒ）など目白押しだ。あ、目白押しも「メジロが押し合いへし合いして止まり木に止まっている様子」の意味で、鳥から来た言葉である。

そして、未読だが資料として読んでおかねばなるまい、と思うのがオットー・リリエンタールの**『鳥の飛翔』**だ。彼はコウノトリが飛ぶ姿を丹念に観察し、飛行中の翼と尾羽の使い方を研究した。これが、リリエンタールのグライダーの設計、および操縦に大きく寄与している。

『鳥の飛翔』オットー・リリエンタール［著］ 田中豊助、原田幾馬［訳］ 東海大学出版会

FILM

鳥の視点を存分に味わえる映画として忘れてはならないのが**『WATARIDORI』**（2001／フランス 監督：ジャック・ペラン）だ。世界各地で撮影されたドキュメンタリーフィルムで、鳥と一緒にウルトラライトプレーンで飛びながら撮影した、つまり「鳥が飛んでいるところを鳥の目で見た」映像がたっぷり入っている。それ以外にも世界の渡り鳥の映像が満載である。

『WATARIDORI［DVD］』販売元：角川書店

これが冗長すぎる人には『**グース**』(1996/アメリカ　監督：キャロル・バラード)をお勧め。ガンの仮親になった女の子が父親に手伝ってもらいながら、ウルトラライトプレーンを操縦してガンと共に越冬地まで飛ぶ。原作は『ファザー・グース』で、やはり飛ぶことに取り憑かれた彫刻家が、鳥と一緒にウルトラライトプレーンで飛ぶ実話。

鳥を正確に描いたアニメとしては『**もののけ姫**』(1997/日本　監督：宮崎駿)を挙げよう。アシタカが故郷から旅に出るシーンで、遠景にトキが飛んでいるのがわかる。ただしちょっと赤みが強いので、ショウジョウトキ、あるいはフラミンゴにも見えてしまうのはご愛嬌。後半、シシガミの森近くでの戦いのシーンで、山頂付近を飛んでいる黒い鳥はカラスだろうか？　それともアマツバメ？　戦場の不吉な雰囲気を考えればカラスかもしれないし、高い山の上という意味ではアマツバメでもそれらしい。

カラスも登場するのが『**大きな鳥と小さな鳥**』(1966/イタリア　監督：ピエル・パオロ・パゾリーニ)だ。だが、ここで面白いのは聖フランチェスコに命じられて鳥に神の教えと説こうと苦労する修道士。

『グース コレクターズ・エディション[DVD]』
販売元：ソニー・ピクチャーズエンタテインメント

『もののけ姫[DVD]』
販売元：ウォルト・ディズニー・ジャパン

彼は最初、タカに布教するためにタカの叫び声を身につけ、無事に説教を終える。次にスズメに教えてこいと言われるのだが、チュンチュン言ってもスズメはちっとも聞いてくれない。スズメ語は音声ではなく、飛び跳ねるステップが言葉になっていたのだ。これに気づいてピョンピョンとステップで「語る」修道士だが、この発想は非常に面白い。そして、やっと布教したにも関わらず、彼の目の前で（こないだ博愛を教えたはずの）タカがスズメを捕って食べてしまうところが、極めてリアルでもある。

ちなみに鳥の映画というとそのものズバリ『鳥』（1963／アメリカ　監督：アルフレッド・ヒッチコック）があるが、言うまでもなく、ゾンビが人を襲うレベルのフィクションである。ありえなさから言えばシャークネードと大差ない。鳥が襲ってくるシーンは高度な技術を使った合成だが、「どっから見ても剥製だろ」というシーンも散見される。鳥の飛び方も「横からカメラの前に投げてないか？」というのが何度か。

『大きな鳥と小さな鳥【HDリマスター版】［DVD］』
販売元：紀伊國屋書店

『鳥［DVD］』
販売元：ジェネオン・ユニバーサル

＊右に挙げたタイトルは、版元品切れ等により図書館、古書店、レンタルショップ他での閲覧・視聴・購入等のみ可能なものも含みます。

巻末企画 II

鳥マニア的
「この人に会いたい!」
Special Interview

松本零士
（漫画家）

［聞き手］
松原 始

魅力的かつリアリティーのあるキャラクター設定とストーリー展開、叙情性と叙事性、有機物（生きもの）と無機物（メカ）といった一見相反する要素が共存する独自の作品世界が国内外で愛される松本零士氏。溢れる好奇心を糧に70年弱を精力的に駆け抜けてきた日本ＳＦ漫画界の巨匠に、リアルタイムでその作品群を享受してきたカラス先生が直撃！　おなじみのあの鳥にまつわる松本氏の思い出を皮切りに、そのバイタリティーに富む横顔に迫りました。

食糧難だった幼少～少年期
カラスとのこんな思い出も

松本零士　カラスといえば、愛媛県大洲[*1]で暮らしていた小学校低学年の頃、通学路で学校帰りに何度もゴム銃で撃ったり弓で狙ったりしましたね。戦後の食糧難の時代だったので、なんとか捕まえてやろうと。ゴム銃などでは全然だめでしたけど、「くびち」[*2]という罠に奇跡的に足が引っかかったのがいて、一、二羽は捕まえました。ただ、カラスの肉って臭いんですよ。

――臭いですね（笑）。

松本零士
まつもとれいじ

1938（昭和13）年福岡県久留米市生まれ。本名・松本晟《あきら》。1954（昭和29）年、「蜜蜂の冒険」が雑誌『漫画少年』第1回新人王に入選し、高校卒業後に上京。1972（昭和47）年に「男おいどん」で講談社出版文化賞を受賞。その後も「宇宙戦艦ヤマト」「銀河鉄道999」「宇宙海賊キャプテンハーロック」「新竹取物語　1000年女王」他を続々発表、作品の多くがTV・劇場用アニメ化された。国内外で高い評価を受けており、旭日小綬章、紫綬褒章、フランス芸術文化勲章シュバリエほか賞歴多数。

松本　だからすぐにカラスを襲うのはやめました。当時はカラス以外にもハトにスズメ、ツバメまで……とにかくあらゆるものを捕ってやろうとしていたんですよね、無我夢中で。蜂の子目当てにクマンバチの巣を襲って追いかけられたり。私は刺されませんでしたが、あれに刺されたら顔がジャガイモみたいになりますよ。

終戦の当日も泳いでいた矢落川で長いウナギを捕まえたつもりで喜んで手で振り回しながら帰ったら、うちのお婆さんに「お前それ、毒蛇ぞー！」って驚かれたこともありました。ヤマカカシでした。ニシキヘビもたくさん捕まえましたね。カメを捕まえて、甲羅と体が一体だと知らずにスッポ抜けるものだと思って引っ張ったら死んじゃったことも。そんな動物たちの慰霊碑を作って学校の行き帰りに拝んだりしていました。

――作品から昆虫のイメージが強かったのですが、様々な生き物と関わってこられたんですね。

松本　そう、虫は好きでしたね。ありとあらゆる昆虫が好きでした。

でもまあ、そうやって山で暴れ川で暴れ、関門海峡では潜って船の腹をくぐったりしながら、どの木のどんな枝が裂けたり折れたり

＊1　松本家の先祖の地である現在の愛媛県大洲市新谷。坂本龍馬脱藩の道としても知られる。

＊2　主に鳥を対象とした罠の一種。地域により別の呼称もあり。

するか、枝や斜面などから落ちた時はどうするか。転んだ時、体を回転させる（受け身の体勢を取る）、といったことはすべて自然の中で体で覚えました。でも今の子供たちは、あれするな、これするなって言われて自由にやらせてもらえないでしょう。それは心配なんですよね。

私自身は物心ついた頃から自然の中でものすごいトレーニングを積んできました。大人になってからも急いで階段を駆け上ってアキレス腱切ったり、肋骨を年に6本折ったりいろいろありましたけど、そんなケガも人生のトレーニングなわけです。それも学習なんです。こうした経験はどんなショックを伴うか、そうなるとどうなるか、と作品の描写にも活かせますしね。

あの漫画家と初接触？ 5歳で観たアニメ映画

——漫画を描き始めたのは小学生の頃だったそうですが。

松本　そうです。当時の多くの漫画少年と同じくきっかけは手塚治虫さんの漫画でした。私は手塚作品コレクターでもあります。[*3]

＊3　稀少漫画のコレクターとしても知られる松本氏。友人の小松左京氏の漫画、手塚治虫作品はじめ氏の所蔵品を元にした復刻も少なくない。

それ以前は、戦後日本にやってきた占領軍、国連軍の若い兵士たちの読む10セントコミックを熱心に読んでいました。ディズニー作品、『スパイダーマン』に『スーパーマン』――アメリカの10セントコミックはカラーで53ページが定番。兵士が読み捨てたものを拾い集めて5円、10円で売る人がいて収集していましたね。

アニメーションは戦時中から『ミッキーマウス』も知っていました。兵庫県の明石公園の近くに住んでいた頃に父親が趣味で映写機でふすまに映す35ミリフィルム映画を兄と一緒に観ていたので、横に音声のトラックが入っている、といったフィルムの構造などもわかっていましたよ。紙にコマを作って少しずつ動いている画を描いて映写機にかけたりして。紙では引きが強すぎるんですけど、一瞬動くんです。

その明石で昭和18（1943）年、5歳の時に観たのが『くもとちゅうりっぷ』*4という日本のミュージカルアニメーション映画です。その後、高校1年だった15歳の時に描いた「蜜蜂の冒険」*5という漫画を見た手塚さんに「どうして『くもとちゅうりっぷ』みたいな漫画を描くんだ」と聞かれて「明石で日曜に観てました」と答えたら、

*4　松竹動画研究所によって1943年に製作・公開された日本の白黒アニメーション映画。

*5　地元紙などに投稿、採用されるなど早くから才能を開花させていた松本氏が昭和29（1954）年に描き上げた長編漫画。雑誌『漫画少年』第1回新人王に入選、本作で本格デビューを果たす。海外でも翻訳出版されており、写真はイタリア語版。

「なにーっ！」と手塚さんが膝を抱えて後ろにでんぐり返りましてね、「俺もそこにいた!!」って。明石で一緒にアニメ映画を観ていた15歳の手塚少年と5歳の私が、その後二人して虫マニア、フィルムを回すアニメマニアになったんですよ。[*6] 聞けば、手塚さんの家にもお父さんの趣味で映写機があったそうです。同じ道を志願する人間は自ずと引かれ合い、触れ合うことになるんですね。

ちなみに「自称日本3大アニメマニア」と言っていたもう一人、同じく漫画、アニメ仲間で、フィルムを回すアニメマニアの石ノ森章太郎、宮城県の石森町で生まれた本名・小野寺章太郎氏は、昭和13（1938）年1月25日、私と同年同月同日生まれです。これも不思議な縁というか——。

日本アニメ界を牽引した3人が巻き込まれた事件とは

「自称日本3大アニメマニア」にまつわるこんな事件もありました。

私が今の東池袋に住んでいた25歳くらいの時、家宅捜索が入ったんです。20代前半、私はアニメ研究のために映写機やフィルムを収

＊6　「実はアニメ「鉄腕アトム」第1話の編集はうちの映写機で行ったんです。手塚氏の映写機が試写前日に壊れてしまい、手塚プロに映写機を運んでいったんです」（松本氏）。

集していました。当時はまだ秋葉原や上野、神田などに行くと『ミッキーマウス』や『バンビ』、『風と共に去りぬ』といった古い35ミリフィルムをたくさん売っていて。そうしたフィルムでの無断上映に対して海外の映画会社から非難の声が上がり警察が取締りを強化したんです。そこで、私のコレクションも目を付けられた。

でも取り調べの刑事に自分は漫画家でフィルムはアニメ映画制作のための研究用だと主張したら、態度が急に変わりましてね。帰り際には「頑張れよ！」とエールを送られました。手塚さんと石ノ森氏もそれぞれ同じ目に遭ったので、これを「自称3大アニメマニア芋づる事件」と呼んでいるんですが、あの時来た刑事さんは、後で私たちのアニメを見て「ああ、あの……」と思ったかもしれませんね。

人の縁は本当に不思議なもので、東池袋に住む前、上京後すぐは本郷三丁目に下宿していたのですが、私が下宿内の四畳半から六畳の部屋に移った後、四畳半に入った父娘の父親が元海軍中佐でした[*7]。そして私が戦艦好きだということを知ったその方から戦艦大和の設計図を譲り受けることになったんです。驚きの仕様でした。『宇宙戦艦ヤマト』の艦内デザインではそれを下敷きにしています。

＊7　「私は作品の主要人物は実際の人物の名前から命名することが多いのですが、猿渡中佐もそのモデルの一人です」（松本氏）。ちなみに氏が自分の経験や感情を描き大人気を博した出世作『男おいどん』のインキンタムシのエピソードには感謝のファンレターが多数寄せられ、中には「この漫画のおかげで彼が明るくなりました」という女性のものも。『宇宙戦艦ヤマト』のヒロインの名は彼女の美しい名前から来ているのだとか。

戦後失ったもの、得たもの
松本作品に流れるもの

戦後は自分の大切にしてきたものが踏みにじられるという経験を様々な場面で味わいました。私は進駐軍が持ち込むコミックやアニメ文化には夢中になりましたが、彼らが道にまいていくキャンディーなどは決して拾わない。施しは絶対に受けませんでした。[*8]

その後、英語を習得して海外に出かけたりした際も多くの人々とより親密にやりとりすることができるようになりましたが、戦後の自分の経験から、行く先々の人に配慮する気持ちは強くなりました。

私の漫画は戦記物も多くの国で翻訳出版されていますが、敵も味方も同じく尊重するように描いています。武士道の精神です。だからいろいろな国で読んでもらえるのではないかと思っています。

終戦当日のその瞬間までマレー半島の上空で戦闘機に乗っていた親父は、2年半抑留された後ようやく戻ってきました。[*9]「そんなに聞きなさんな、父ちゃん寝られないよ」と母親から注意されるほど根掘り葉掘り色々な話を聞きましたね。戦後は誘いも断り、航空機

*8 「海外などで子供などに何かを渡す時には施しなどと思われないよう必ず跪いたり相手の目線に合わせるようにしています。皆さん、喜んで受け取ってくれますよ」（松本氏）。

に乗ることは二度とありませんでしたが、その父が一貫して言っていたのは、「二度と戦争はしてはいかん」ということでした。

私は幼い頃から父の乗る航空機に親しんでいたということもあり、実はパイロットになりたかったんです。でも中学3年くらいから近眼になって断念し、次に機械工学者になりたいと大学受験をして合格もしたものの家の経済事情でこれもあきらめ、替わりに弟は大学に行かせてくれ、いや自分が（漫画を描いて）行かせる、と言って上京したんです。その後、弟は私が希望していたコースを進み[*10]、現実の世界で様々なものを開発しました。

私が東京に行くと言った時、親父に聞かれたのは、「自分で決めたのか」。「自分で決めた」と答えると、「それなら行け」と。お金がないので何もかも質屋に入れて画材だけ持って東京行きの列車に乗りました。関門トンネルの中に入ると真っ暗で、まるでブラックホールを通り抜けているような感覚。それが反対側に出るとほわーっと明るくなって。ああ、俺は別世界に来た、次元を超えた、といった感覚に襲われました。『銀河鉄道999』で鉄郎が宇宙に旅立つ場面は、この時のことを思い出しながら描いたんです。

＊9 父上の松本強氏は第32教育飛行隊（1944年2月編成）の隊長として特別操縦見習士官や少年飛行兵出身の新参パイロットの教育を行っていた。『宇宙戦艦ヤマト』の沖田十三のモデルでもある。

＊10 「大学院に行く前に博士号を取得し、その後は三菱重工の技術本部で多くの研究開発に携わりました」（松本氏）。

松本零士、である。いや松本大先生である。

　最初に知ったのは、おそらくテレビアニメ『宇宙戦艦ヤマト』の原作者としてだ。すでにミリタリー系のガキであった私は大喜びでヤマトを見ていた。

　次が、あの名作『銀河鉄道999』である。テレビアニメ版が1978年なので、私が9歳の時。細密に描きこまれた蒸気機関車が、超未来的な都市から空へ飛び立つシーンに心を鷲掴みにされた。7つ上の従兄弟が原作の単行本を買っていたので、これも読み漁った（最終的にはぶん捕った）。ついでに本棚にあった『セクサロイド』『マシンナーズシティ』にも（ドキドキしながら）手を出し、中学になってからは行きつけの本屋で秋田漫画文庫版の『ガンフロンティア』全3巻を買った。当然、「戦場まんがシリーズ」『ザ・コクピット』も読み漁り、高校の頃に『ハードメタル』が出た。このあたりは全て、今も読み返し続けている。

　さて、そんなこんなで氏の仕事場である零時社に伺うと、庭先に鎮座していたのは蒸気機関車の動輪。さすがだ。大変なコレクターとは聞いていたが。

　応接室に通していただいて、まず目についたのはキャプテン・ハーロック、そして「我が青春のアルカディア」号の模型だ。そりゃカッコいいもんなあ。厳密に考えれば宇宙戦艦の後ろにあんな豪奢な、18世紀の戦列艦みたいな艦長室がくっついてるべき理由は、ない。だが、それが「ロマン」というものである。

　む！　あのスピナーは！　渦巻き模様が描かれた、ずんぐりと丸いスピナーと3翅プロペラを付けた、液冷エンジンのプラモデルがある。あの模様はドイツ機特有で、鳥の衝突を避けるのに有効とされていた。立ち上がって過給機の位置を確かめる――左側面にアンモナイトのような過給機がある。ダイムラーベンツだ。ユモなら反対側だ。となると、この丸っこいスピナーはMe109FかGかK、エンジンはDB601か605、どっちだ。ラインハルトもハーロック大尉もMe109に乗っていたのだ。「機首の大きなF型とはまだやったことがないんだ」「防塵フィルターが付いていてね、砂嵐なんかではエンストしないよ」なんていうリアリスティックなセリフを思い出す。

　ああっ。あの、草原に突っ込んだFw190とドイツ兵のジオラマは『成層圏気流』の扉絵だ！　敵機に襲われ、搭乗員がパラシュートで脱出した後、まるで自分を見捨てて逃げた人間を咎めるように、無人のまま不時着していた機体だ。この後、彼は完成したばかりのTa（タンク）152H0に乗り、あまりにも辛い任務に就く。「8000メートルでもスピットより速いぞ！　なんだこいつは！」という名セリフが、多くの飛行機オタの脳に「Ta152=超高性能」と刻み込んだはず。どこまでも長い漆黒の翼が醸し出す「特別感」はカクベツであり、同時に誘導抵抗を減らし高高度で高速を出すための切り札でもある。実際は活躍の場がほとんどなく、低空でジェット戦闘機の護衛に使われたというあたりも、屈辱的でドラマティック。

　そしてその後ろの、妙にプロペラの羽が多い機体はもしや？　間違いない、ダクテッドスピナーと二重反転プロペラ付きの、「液冷とも空冷ともつかないエンジン・カウリングをしている」日本機と言えば、キ99試作戦闘機だ！　『衝撃降下90度』！　空冷星形エンジンをタンデムに2機積み、排気タービンを装備して音速に挑んだ機体！　「強制冷却ファン付けてもタンデムエンジンの冷却には足りないんじゃ」などと無粋なことを言ってはならない。あれは松本零士の考える「究極に強そうな戦闘機」のカタチと、その性能を担保するメカニズムを詰め込んだ機なのだ。きっと何か読者を納得させる工夫があるに決まっている。台場よ、お前は音速を超えて、逝ったのか……。

　そして、私たちは零時社を辞した――。

　そうそう、トリさんは確かに実在したそうだが、その正体は、お話を伺っても見当もつかなかった。南米航路の船員が飼っていた、こんなに長い嘴でモノマネ上手な大きな鳥、だと？　南米産で大きな嘴といえばオオハシだが、オオハシの嘴は「大きい」のだ。「長い」のではない。それにモノマネ上手というわけでもない。それにモノマネと言えばオーストラリアのコトドリだが、別に嘴は長くない。南米でモノマネならマネシツグミだが、大きさも形も全然違う。オウム、インコの類も形からして絶対違う。

　あの鳥はもう、トリさんとしか呼びようのない何かである。


イラスト（トリさん）：松本零士『宇宙海賊キャプテンハーロック』（秋田書店）より　©L.Matsumoto

おわりに

この本の最初の原稿はめでたくボツになった。2章ぶんほど書いて送ったところ、編集者に「面白いのですが、編集部の誰一人なんのことかわかりません」という素晴らしい判定をいただいたからである。

そうかー、いきなりプレデターではわからんかー。プレデターいいのになあ。高度な科学があるくせに肉弾戦大好きな体育会系のノリといい、戦わないものや妊娠中のメスは決して狙わない真のセレクティブ・ハンターとしてのマナーといい、ちゃんとキャンプセットやファーストエイドキットを持って来ているアウトドアの達人ぶりといい。生物学者・博物館屋としては、標本をクリーニングし、夕日にさらしてうっとりと愛でている姿にも共感できる（標本というのは獲物である人間からぶっこ抜いた頭骨だが）。

かくして、完成した原稿は、だいぶオタ度控え目となった。「それでもわからんわ！」という方には伏してお詫びするので、ぜひ書店に足を運び、『世界の傑作機』『丸』『軍事研究』あたりを買い漁って沼にはまっていただきたい。『エリア88』『ザ・コクピット』などをフルセット大人買いしてくるのも一法である。逆に「こんなもんでは物足りん！」という方は、伏して崇拝するので、その道を極めていただきたい。「いいぞもっとやれ」という声があれば、さらに熱量を上げたものも書く機会がある、かもしれない。

生物とマシンについて、ちょっとそれらしいことを書いておけば、それはたぶん、「形には意味がある」ということである。そして、それを作り上げた歴史もあるということだ。一方は突然変異と自然選択による適応的な進化、一方は人間の発案と社会情勢による技術開発だが、どちらも興味深いことに変わりはない。

あと、翼面荷重なんてコトバをちょっと覚えておくのは、生物学をやるにも悪くはない。例えば、史上最大と言われた翼竜、ケツァルコアトルスは飛べたかどうかだ。

この翼竜、翼を広げると10メートルを超えた（たぶん最大で12メートルくらい）とされる。そんな巨体だが、人によって体重の推定はずいぶん違う。わずか70キロとする説がある一方、ある研究者に聞いたところ、彼の推定では200キロか300キロ、下手するともっとあったんじゃないかとのこと。

そこで、ちょっと考えてみよう。翼開長を10メートルとし、想像される復元図からざっくり計算すると、翼面積は15平方メートルほど。仮に体重が250キロあっても、翼面荷重は16・7キロ／平方メートル。これは現生の鳥ならかなり大きめではあるが、アビやウミガラスよりは小さい数字だ。体重220キロほどに抑えれば、翼面荷重はアホウドリとほぼ同等になる。もし翼開長12メートルと巨大な個体なら、体重400キロあたりでも「現生の鳥でもあり得る」翼面荷重に収まるので、飛行生物として完全にアウトな体重ではない。

逆に、軽い方の体重70キロ説をとると、翼開長10メートルの個体でも翼面荷重はわずかに4・7キロ/平方メートルで、中型の猛禽レベルとなる。鳥を基準にすれば、体サイズに対して極端に小さい。そこまで軽いと風が吹いた時に不安だ。

もちろん、ケツァルコアトルスの翼の効率や筋肉量はおろか、全身の復元像だって「これが絶対正解」ではないし、どんな生態だったかもわかっていない。それによって計算条件も、結果の解釈も変わる。ただ、ごく単純に物理量を計算しても、彼らは無茶なダイエットをしなくても飛べたんじゃないかな、じゃあその暮らしぶりは今の鳥から推測してどうなんだろうな、といった想像は膨らむのである。

参考文献

『鳥と飛行機どこがちがうか
――飛行の科学入門』
ヘンク・テネケス 草思社

『隠された飛行の技術』
加藤寛一郎 講談社

『鳥類学』
フランク・B・ギル 新樹社

『羽』ソーア・ハンソン 白揚社

『世界の傑作機』文林堂

『丸メカニック』潮書房

『異形機入門』飯山幸伸
光人社NF文庫

『鳥の起源と進化』
アラン・フェドゥーシア 平凡社

『月刊GUN』国際出版

『軍事研究』
ジャパン・ミリタリー・レビュー

『鳥の渡りの0秘密』
R・ロビン・ベーカー 平凡社

『Cognitive Ecology』
Reuven Dukas,
The University of
Chicago Press

『ハトはなぜ首を振って
歩くのか』藤田祐樹
岩波科学ライブラリー

『ワタリガラスの謎』
バーンド・ハインリッチ
どうぶつ社

『Mind of the Raven』
Bernd Heinrich, Harper
& Collins Publishing

『ソロモンの指環』
コンラート・ローレンツ
早川書房

『Comparative Analysis
of Mind』
Shigeru Watanabe,
Keio University Press Inc.
（渡辺茂［編］
慶應義塾大学出版会）

『武器』
ダイヤグラムグループ［編］
マール社

『鳥獣採集家折井彪二郎
採集日誌』折井彪二郎研究会

『コンバット・バイブル』
上田信 コスミック出版

『鳥はなぜ集まる?』
上田恵介 東京化学同人

『行動生態学』J・R・クレビス
&N・B・デイビス 蒼樹社

ネタ（※）一覧

※本書テキストに何かしらの
影響を与えた創作物

まえがき
『OVA版 戦闘妖精・雪風』
『とある科学の超電磁砲』

CHAPTER1
『ゲゲゲの鬼太郎』

CHAPTER2
『ジュラシック・パーク』
『ドラえもん』
『機動戦士ガンダム』
『装甲騎兵ボトムズ』
『ファイブスター物語』
『機動警察パトレイバー』
『スター・ウォーズ』
『攻殻機動隊』
『アップルシード』

CHAPTER3
『ウルトラマン』

CHAPTER4
『デトロイト・メタル・シティ』

CHAPTER5
『夜間飛行』
『シェパード』

CHAPTER6
『プレデター』

CHAPTER7
『美女と野獣』
『MMR マガジンミステリー
調査班』
『ベルセルク』
『宇宙海賊キャプテン・ハー
ロック』

CHAPTER8
『陰陽師』
『鳥に単衣は似合わない』

CHAPTER9
『MASTERキートン』
『フランシス・マコーマーの
短い幸福な一生』
『ジョジョの奇妙な冒険』

CHAPTER10
『ささみさん@がんばらない』
『もやしもん』
『仁義なき戦い』
『クローズ』
『下妻物語』

零時社訪問記
『アフリカの鉄十字
（ザ・コクピット）』
『我が青春のアルカディア
（戦場まんがシリーズ）』
『成層圏気流
（戦場まんがシリーズ）』
『衝撃降下90度
（戦場まんがシリーズ）』

STAFF
編集・構成｜ポンプラボ
ブックデザイン｜アルビレオ
本文写真（対談）｜金子山
DTP｜佐藤レイ子
編集協力｜森哲也

Special Thanks
零時社
秋田書店『チャンピオンＲＥＤ』編集部
丸屋九兵衛

鳥マニアックス
鳥と世界の意外な関係

発行日　2019年12月21日　初版

著　者　松原 始

発行人　坪井義哉

発行所　株式会社カンゼン
〒101-0021 東京都千代田区外神田2-7-1 開花ビル
TEL 03（5295）7723　FAX 03（5295）7725
http://www.kanzen.jp/
郵便振替 00150-7-130339

印刷・製本　株式会社シナノ

 ISBN 978-4-86255-509-0
ご意見、ご感想に関しましては、kanso@kanzen.jpまで
Eメールにてお寄せ下さい。お待ちしております。